化学工业出版社“十四五”普通高等教育规划教材

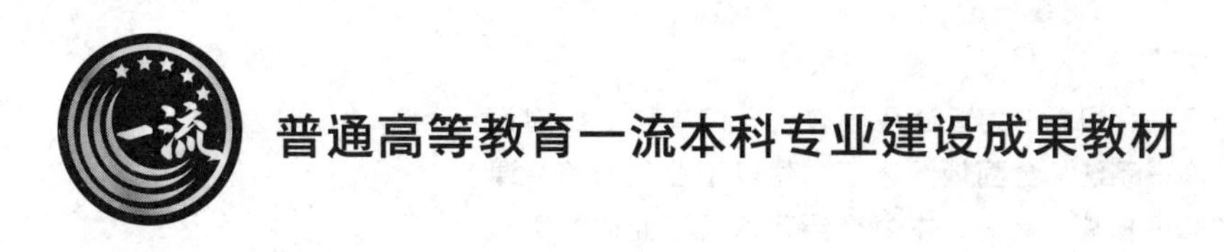

普通高等教育一流本科专业建设成果教材

建筑工业化概论

JIANZHU
GONGYEHUA GAILUN

王逢朝　主　编
赵　欣　余洁歆　副主编

化学工业出版社
·北京·

内容简介

《建筑工业化概论》为普通高等教育一流本科专业建设成果教材。本书系统、全面地阐述了“建筑工业化概论”课程最重要的知识模块。首先，本书介绍了建筑工业化的概念与特征、建筑工业化的发展历程；其次，分别从工业化建筑结构体系与设计、生产组织与管理、施工技术三大方面，探讨了建筑工业化从设计到施工完成的关键技术；再次，从建筑工业化与BIM技术，以及工业化建筑的成本管理与控制两大方面，向读者展示了建筑工业化的管理及数字化应用；最后，从“双碳”目标下的建筑工业化、绿色建筑与智慧建筑、智能化建造三个方面对未来发展趋势进行了介绍。本书配套有彩图、在线题库等数字资源，读者可扫码获取。

本书可作为高等学校智能建造、土木工程、工程管理、建筑学等专业的教材，同时也可作为相关建筑行业从业人士的学习参考用书。

图书在版编目（CIP）数据

建筑工业化概论/王逢朝主编；赵欣，余洁歆副主编. —北京：化学工业出版社，2024.2

化学工业出版社“十四五”普通高等教育规划教材 普通高等教育一流本科专业建设成果教材

ISBN 978-7-122-44430-1

Ⅰ.①建… Ⅱ.①王…②赵…③余… Ⅲ.①建筑工业化-高等学校-教材 Ⅳ.①TU

中国国家版本馆CIP数据核字（2023）第215949号

责任编辑：刘丽菲
文字编辑：王　硕
责任校对：王鹏飞
装帧设计：刘丽华

出版发行：化学工业出版社
（北京市东城区青年湖南街13号　邮政编码100011）
印　　装：大厂聚鑫印刷有限责任公司
787mm×1092mm　1/16　印张8¾　字数191千字
2024年6月北京第1版第1次印刷

购书咨询：010-64518888
售后服务：010-64518899
网　　址：http://www.cip.com.cn
凡购买本书，如有缺损质量问题，本社销售中心负责调换。

定　　价：32.00元　

前言

新型建筑工业化是指在房屋建造全过程中以标准化设计、工厂化生产、装配化施工、一体化装修和信息化管理为主要特征，能够整合设计、生产、施工等环节形成完整的有机产业链，实现建筑产品节能、环保、全寿命周期价值最大化的可持续发展的建筑生产方式。

建筑工业化是我国建筑业转型升级的必由之路。2020 年 7 月，住建部、发改委等 13 部门联合发布《关于推动智能建造与建筑工业化协同发展的指导意见》，表示将大力发展装配式建筑，推动建立以标准部品为基础的专业化、规模化、信息化生产体系。2021 年 10 月，国务院发布《国务院关于印发 2030 年前碳达峰行动方案的通知》，提出：推广绿色低碳建材和绿色建造方式，加快推进新型建筑工业化，大力发展装配式建筑，推广钢结构住宅，强化绿色设计和绿色施工管理。

福建江夏学院工程学院土木工程专业于 2019 年获批福建省一流本科专业建设点，公示文件见教高厅函 [2019] 46 号《教育部办公厅关于公布 2019 年度国家级和省级一流本科专业建设点名单的通知》。按照一流专业建设任务，学院组织教师团队编写了普通高等教育一流本科专业建设成果教材《建筑工业化概论》。

本书的编写，适应了新形势下土木工程专业教学和建筑工业化人才培养的要求，首先，介绍了建筑工业化的概念与特征、建筑工业化的发展历程与现状；其次，分别从工业化建筑结构体系与设计、生产组织与管理、施工技术三大方面，探讨了建筑工业化从设计到施工完成的关键技术；再次，从建筑工业化与 BIM 技术，以及工业化建筑的成本管理与控制两大方面，向读者展示了建筑工业化的管理及数字化应用；最后，从“双碳”目标下的建筑工业化、绿色建筑与智慧建筑、智能化建造三个方面对未来发展趋势进行了介绍。本书为新形态教材，部分图片可扫二维码查看彩色图片，第 1～4、6、7 章均有在线题库，读者可扫码自测知识掌握情况。教师资源请至 www. cipedu. com. cn 获取。

本书可作为高等学校土建类相关专业的本科教材，帮助读者形成完整的、全寿命周期建筑工业化基本概念，理解和熟悉建筑工业化的建造技术与方法。

本书编写过程中业界专家和同行提供了大量资料，并提出宝贵意见，在此一并致谢。限于编者水平，书中难免存在不足之处，恳请读者批评指正。

编者

2023 年 12 月

目录

第1章
绪论

1.1 建筑工业化概述

1.1.1 建筑工业化发展背景

改革开放后，我国建筑业得到前所未有的发展，生产总值屡创新高，成为我国的支柱产业之一。进入新时代，随着我国社会主要矛盾变化，住房和城乡建设发展形势发生了深刻变化。住房发展已经从总量短缺转为结构性供给不足，进入结构优化和品质提升的发展时期；城市发展由大规模增量建设转为存量提质改造和增量结构调整并重，进入城市更新的重要时期；乡村发展在全面完成脱贫攻坚任务基础上，进入了提升乡村建设水平、推动乡村全面振兴的关键时期。人民群众对住房和城乡建设的要求从“有没有”转向“好不好”，期盼拥有更舒适安全的居住条件、更便捷高效的市政公共服务设施和更优美宜人的城乡环境，住房和城乡建设事业发展站到了新的历史起点上。

建筑工业化是按照大工业生产方式改造建筑业，使之逐步从手工操作进化成为工业化集成建造，通过建筑工业化，建成高质量、高舒适度、设计合理且建造快速的工业化建筑。在我国推进建筑工业化发展非常必要：从技术角度来看，可以提高建造效率，减少传统建筑业无法避免的质量通病，使建筑业真正进入可质量回溯、可规模化控制的时代；从社会角度来看，工业化和现代化的生产方式可以打造更好的施工环境，改善一线施工人员的工作环境，可以缓解劳动力供不应求的矛盾；从国家角度来看，建筑业的转型升级有助于加快城镇化进程；从生态文明建设角度来看，低能耗、低污染的建筑业才能实现可持续发展，达到人与自然的和谐共生。

不论是建筑业自身发展的需求，还是社会大环境的外部要求，都使得建筑工业化成为建筑业转型升级的必由之路，已如箭在弦上，蓄势待发。下面将具体分析发展建筑工业化的几个主要原因。

(1) 人口红利逐渐消失，劳动力成本快速上升

随着我国人口增长率的下降，人口老龄化现象日益严重，劳动年龄人口增速明显放缓。根据国家统计局《2022年农民工监测调查报告》，2014年至2020年我国农民工增长率都维持在较低水平，且农民工平均年龄也不断提高。截至2022年，全国农民工总量29562万人，如图1-1所示，虽绝对数量有所回升，但农民工平均年龄持续提高，农民工平均年龄 42.3 岁，比上年提高 0.6 岁。从年龄结构看，40 岁及以下农民工所占比重为 47.0%，比上年下降 1.2 个百分点；41～50 岁农民工所占比重为 23.8%，比上年下降 0.7 个百分点；50 岁以上农民工所占比重为 29.2%，比上年提高 1.9 个百分点。

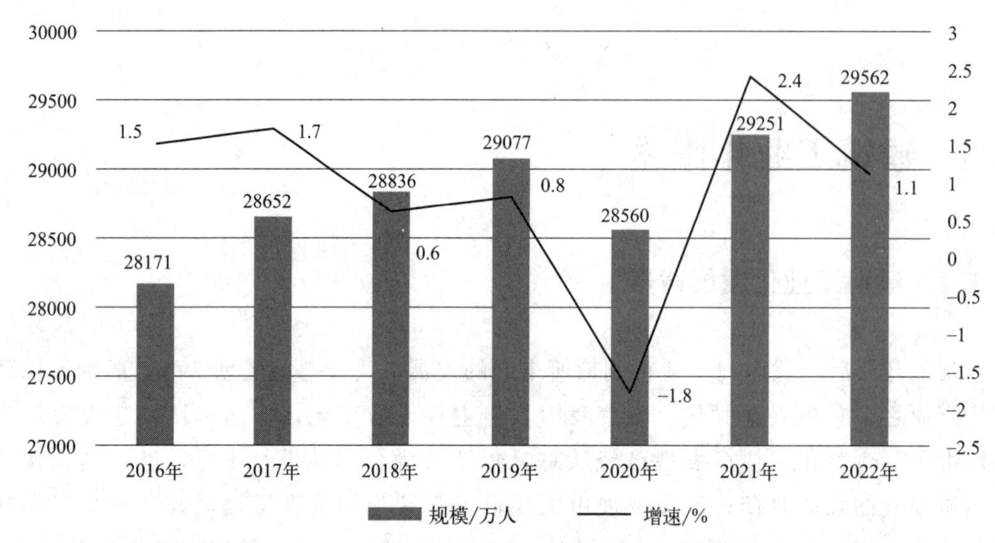

图 1-1　2016—2022 年农民工总量及增速（数据来源：国家统计局）

农民工平均年龄持续提高、新生代农民工从事建筑业意愿的降低都压缩着建筑业劳动力供给。建筑业对劳动工人的吸引力下降，用工形势紧张势必导致人工费的上涨，从而导致建造成本的提高。根据国家统计局数据，近几年来我国建筑业人工费的上涨幅度已远高于建筑材料。过去数十年，现浇混凝土式的建筑模式受益于我国丰富的劳动力资源而广泛发展。但随着人口红利的逐渐消失，劳动力成本的快速攀升，这一模式将难以为继。提升建筑工人的技术水平，增加施工机械的使用，提高劳动生产率是解决劳动力供需矛盾的主要途径。

（2）建造质量问题

我国建筑工程在实际施工过程中有时会有建造质量问题。中国消费者协会（简称中消协）统计数据显示，2014—2017 年房屋类投诉中有关质量问题的投诉量占总投诉量的比重虽然呈下降趋势，但仍一直处于 30%～50%。根据中消协组织受理投诉情况分析，房屋质量问题主要集中在漏水和渗水问题、外墙面脱落以及墙壁裂痕等质量通病。建筑工程是一项复杂的系统工程，综合分析来看，造成质量缺陷的原因主要包括设计与施工分离、机械化程度不高、管理不规范和不完善等。

（3）绿色节能可持续的迫切需求

伴随着经济的高速发展，环保和资源压力也日益增加，绿色节能可持续成为当下社会发展的主题。作为发展中国家，我国目前面临着发展经济和保护环境的双重任务，先后出台了一系列法律法规和政策措施，并把环境保护作为一项基本国策，把实现可持续发展作为一个重大战略。传统建筑业建设过程中会产生噪声、废水、废气、粉尘、固体废物、有毒物质等污染。

建筑耗能与工业耗能、交通耗能并称为我国能源消耗的三大“耗能大户”。根据《中国建筑能耗研究报告（2020）》（图1-2、图1-3），2018年全国建筑全过程能耗总量为21.47亿t标准煤，占全国能源消费总量比重为46.5%。全国建筑全过程碳排放总量为49.32亿t CO_2，占全国碳排放的比重为51.3%。党的二十大提出：“推动能源清洁低碳高效利用，推进工业、建筑、交通等领域清洁低碳转型。”加快绿色建筑发展是建筑领域清洁低碳转型的重要抓手，截至2022年上半年，我国新建绿色建筑占比已超90%。住房和城乡建设部印发《“十四五”建筑节能与绿色建筑发展规划》，明确到2025年，城镇新建建筑全面建成绿色建筑，建筑能源利用效率稳步提升，建筑用能结构逐步优化，建筑能耗和碳排放增长趋势得到有效控制，基本形成绿色、低碳、循环的建设发展方式，为城乡建设领域2030年前碳达峰奠定坚实基础。

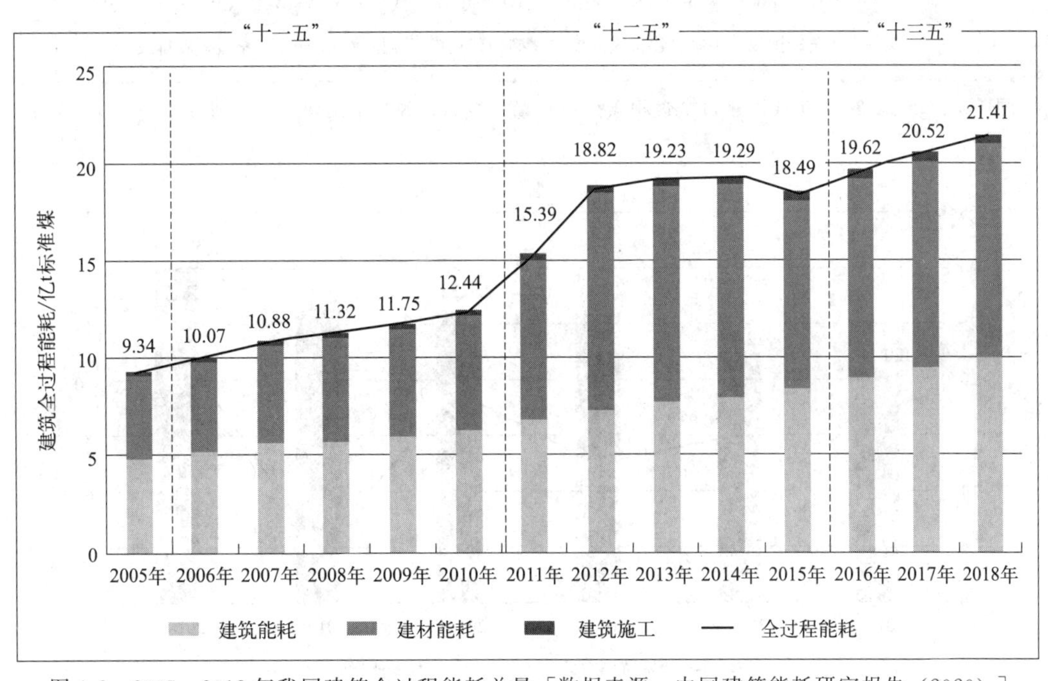

图1-2　2005—2018年我国建筑全过程能耗总量［数据来源：中国建筑能耗研究报告（2020）］

近几年我国城市建筑垃圾年产生量超过20亿t（图1-4），根据初步测算，新建工程单位面积建筑垃圾（不包括工程渣土、工程泥浆）排放量约为每万平方米500～600t。建筑垃圾主要采取外运、填埋和露天堆放等方式处理，不但占用大量土地资源，还产生有害成分，造成地下水、土壤和空气污染，危害生态环境和人民健康。2018年，伴随着相关政策陆续出台及城市试点的开展，建筑垃圾资源化进程提速。截至2020年底，在全国35个试点城市中，有建筑垃圾资源化处理项目近600个，资源化处理能力达到了每年5.5亿t。党的二十大报告提出：“我们坚持可持续发展，坚持节约优先、保

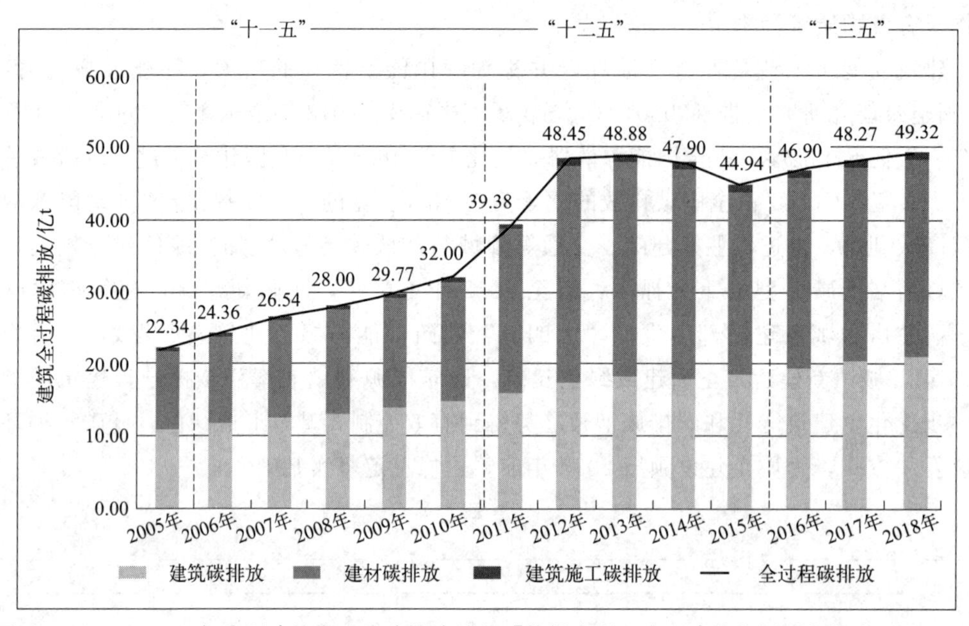

图 1-3 2005—2018 年我国建筑全过程碳排放总量［数据来源：中国建筑能耗研究报告（2020）］

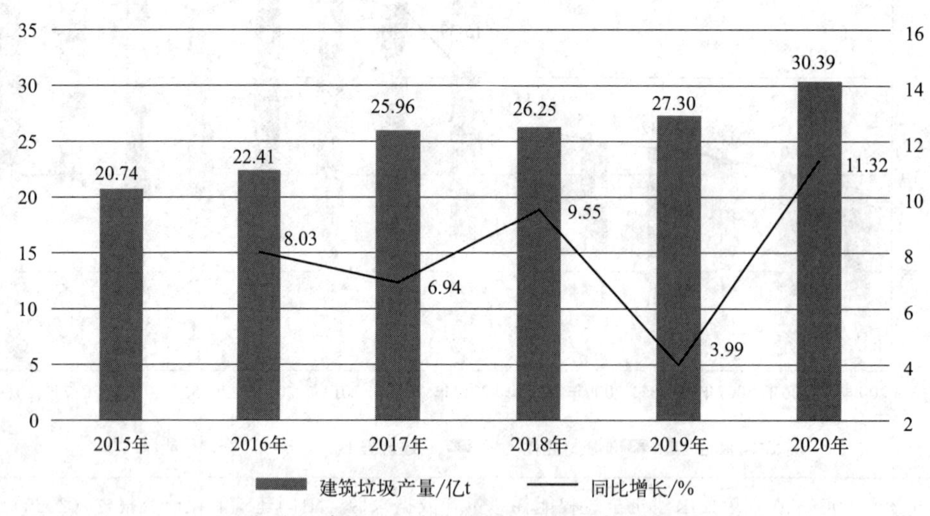

图 1-4 2015—2020 年我国建筑垃圾产量及同比增速（数据来源：前瞻产业研究院）

护优先、自然恢复为主的方针，像保护眼睛一样保护自然和生态环境，坚定不移走生产发展、生活富裕、生态良好的文明发展道路，实现中华民族永续发展。”2020 年 9 月 1 日起施行新的《中华人民共和国固体废物污染环境防治法》，加大了推进建筑垃圾污染环境防治工作的力度，在加强建筑垃圾污染防治、分类处理、科学回收、综合利用等全过程管理方面作了相关的规定。2020 年 5 月，住房和城乡建设部发布《关于推进建筑垃圾减量化的指导意见》提出“以习近平新时代中国特色社会主义思想为指导，深入贯彻落实新发展理念，建立健全建筑垃圾减量化工作机制，加强建筑垃圾源头管控，推动工程建设生产组织模式转变，有效减少工程建设过程建筑垃圾产生和排放，不断推进工程建设可持续发展和城乡人居环境改善。”2021 年 3 月，国家发展改革委联合九部门印发《关于“十四五”大宗固体废弃物综合利用的指导意见》，明确规定到 2025 年新增大宗固废综合利用率达到 60%，在工程建设领域推行绿色施工，推广废弃路面材料和拆除垃圾原地再生利用，实施建筑垃圾分类管理、源头减量和资源化利用等，不断提升利用质量，提高利用规模。

1.1.2 建筑工业化的概念与特征

工业革命让船舶、汽车等生产效率大幅提升。随着城市的发展、建筑相关技术的进步以及工业生产方式对于社会生产的极大推动，工业化逐渐扩展到建筑领域。我国建筑行业目前亟待解决的问题较多，建设效率也成为其再发展的瓶颈。建筑工业化的施工方式在减少环境污染、提高建筑垃圾回收率、提高劳动生产率等方面都具有极大的优势。

信息化是建筑业转型的另一必然要求。建筑信息化［BIM（建筑信息模型）技术］是指运用信息技术，特别是计算机技术、网络技术、通信技术、控制技术、系统集成技术和信息安全技术等，促进工程设计、建造、管理向着数据化、信息化、集成化方向发展，帮助工程技术人员更从容地处理和应对建造信息，以提高生产效率，节约成本，缩短工期。实施以信息化带动工业化战略，是改造和提升传统建筑行业的一个突破口，是我国建筑从“建造大国”走向“建造强国”的一个必经之路。

建筑业作为国民经济的支柱产业之一，必须利用工业化的先进技术、先进经验改造自身，改变目前资源浪费多、能源消耗大、环境负荷重的现状，实现绿色化、智能化，才能更好地发挥建筑业拉动经济增长、促进社会就业以及提升居住环境的作用。同时，在这个信息化的时代，建筑业要顺应时代潮流，将 BIM 技术及时应用于信息建筑工业化中，辅助新型工业化建筑的建设需求，促进新型建筑工业化的发展。BIM 技术是促进新型建筑工业化和建筑信息化发展的重要手段，建筑工业化、信息化应为建筑业的转型升级发挥出利刃之效。

1.1.2.1 建筑工业化的概念

“工业化”英文为 Industrialization。按照联合国经济委员会的官方定义，工业化意味着：生产的连续性、生产物的标准化、生产过程各阶段的集成化、工程高度组织化、尽可能用机械代替人的手工劳动、生产与组织一体化的研究与开发。一般生产只要符合以上一项或几项都可称为工业化生产，而不仅限于建造工厂生产产品。

建筑工业化概念最早出现在 20 世纪 40 年代末。第二次世界大战结束后，英国、法国、苏联等国家为尽快解决国民住房问题，开始在住房建设体制和住房设计方面进行工业化的改革和创新，使建筑工业化从理想变成了现实。我国建筑工业化的最早提出是在 20 世纪 50 年代初，经历了曲折的发展历程。建筑工业化不是一个新概念，经历了几十年的发展和演变，各种组织、个人对其有不同理解和不同认识。

建筑工业化是指以工业化、社会化大生产方式取代传统建筑业中分散的、低效率的手工作业方式，实现住宅、公共建筑、工业建筑、城市基础设施等建筑物的建造。即以技术为先导，以建筑成品为目标，采用先进、适用的技术和装备，在建筑标准化和机械化的基础上，发展建筑构配件、制品和设备的生产和配套供应，大力研发、推广工业化建造技术，充分发挥信息化作用，在设计、生产、施工等环节形成完整的、有机的产业链，实现建筑物建造全过程的工业化、集约化和社会化，从而提高建筑产品质量和效益，实现节能减排与资源节约。

工业化建筑是指以标准化设计、工厂化生产、装配化施工、一体化装修和信息化管理等为主要特征的工业化生产方式建造的建筑。

建筑产业化是指整个建筑产业链的产业化，将建筑业向前端的产品开发、下游的建筑材料、建筑能源甚至建筑产品的销售延伸，是整个建筑行业在产业链条内资源的更优化配置。

装配式建筑是指用预制的构件在工地装配而成的建筑。其优点是建造速度快，受气候条件制约小，节约劳动力并可大幅提高建筑质量。装配式建筑是建筑工业化项目中的一个典型代表。

1.1.2.2 建筑工业化的特征

建筑工业化的主要特征是生产方式的工业化，主要体现在“五化”，即设计标准化、制作工厂化、施工装配化、装修一体化及管理信息化。标准化设计是实现建筑工业化目标的前提，工厂化制作、一体化装修是建筑工业化的手段，装配化施工是建筑工业化的核心，信息化管理是建筑工业化的保证。

(1) 标准化设计

建筑设计标准化就是在设计中按照一定模数标准规范构件和产品，形成标准化、系列化部品，减少设计随意性，便于建筑产品成批生产。设计标准化是实现建筑工业化的前提条件，可以大大提高设计效率和质量。若未采用标准化设计，就无法成批生产，也就谈不上建筑工业化。

工业化建筑应体现标准化设计理念，单元、构件、建筑部品应满足重复使用率高、规格少、组合多的要求，并分别按模数协调、建筑单元、平面布局、连接节点、预制构件、建筑部品这六个评价项目进行评分。

(2) 工厂化制作

工厂化制作是指建筑物的各种构（配）件在施工前由各专业工厂预先制造好，再将其运到施工现场装配的一种形式。它是建筑工业化的重要内容之一，将建筑物的构（配）件生产由施工现场浇筑转入工厂制造，有利于加快建筑物的建造速度、减少污染、保证质量、降低成本。

在传统施工方式中，最大的问题是难以保证主体结构精度，误差控制在厘米级，比如门窗，每层尺寸各不相同；主体结构施工采用的是人海战术，过度依赖一线施工人员；施工现场产生大量建筑垃圾，造成材料浪费、对环境的破坏等问题；更为关键的是，不利于进行现场质量控制。而这些问题均可以通过主体结构的工厂化生产得以解决，实现毫米级误差控制。同时，还能实现装配部品的标准化。

(3) 装配化施工

工业化建筑项目在施工阶段与传统建筑最大的区别在于，最大限度地避免了现场湿作业，而主要采用装配式施工技术，将工厂中制作好的各种构（配）件进行现场的安装与拼接，这是建筑工业化的核心。

装配式施工技术最大的特点是利用机械设备或机具来代替体力劳动以完成施工任务，是建筑业生产技术进步的一个重要标志，是建筑施工提高精度、加快进度、解放劳动力、实现建筑产业升级的必由之路。

(4) 一体化装修

除了主体结构的“建筑工业化”，建筑工业化还应包括对管线设备和装修的工业化。装修工业化主要体现在装修部品化和生产工厂化两方面，以内装工业化整合住宅内装部品体系，住宅部品的集成进一步促进部品工业化生产。

(5) 信息化管理

信息化管理采用信息化技术、现代科学的管理方法和手段，优化资源配置，实现科学的组织和管理，是建筑工业化的保证。信息技术应用水平的高低是衡量一个产业现代化水平的重要标志之一。在全世界进入信息化社会的今天，推动工业化也一定要用好信息化手段，实现工业化与信息化完美结合的新型工业化，并推动工业化向自动化、智能化等更高的水平发展。

依靠信息技术强大的共享能力、协同工作能力、专业任务能力，使工厂建设向工业化、标准化和集成化方向发展，促使工程建设各阶段、各专业主体之间在更高层面上充分共享资源，有效地避免各专业、各行业间的不协调问题，从而以最少的资源投入达到高效、低耗和环保的目的。

1.2 建筑工业化发展历程

1.2.1 国外建筑工业化发展历程

1.2.1.1 苏联的建筑工业化

苏联建筑工业化走的是一条预制装配混凝土结构的道路，同时苏联也是世界上住宅工业化比较成功的国家之一。

苏联对预制构件的研究始于1927年，生产出的第一个预制构件是楼梯踏步，同年由苏联的国家建筑学院生产出第一个大型的砌块建筑，然后逐渐演变到有骨架大型板材建筑和无骨架大型板材建筑，再上升到高层住宅的有、无骨架板材建筑，再到后来的盒子建筑，其发展经历了漫长的道路。苏联的工业化住宅以装配式大板建筑（图1-5）为主，盒子建筑（图1-6）、升板建筑为辅，我国早期建筑工业化的发展也正是吸取了苏联发展装配式大板建筑的经验。

1.2.1.2 丹麦的建筑工业化

丹麦是世界上第一个将模数法制化的国家。为了使模数制得以实施，丹麦在20世纪50年代初就开始进行建筑制品标准化的工作，现今实行的有26个模数规范，从墙板、楼板等建筑构件到门窗、厨房设备、五金配件均用模数进行协调。国际标准化组织的 150 模数协调标准就是以丹麦标准为蓝本的。

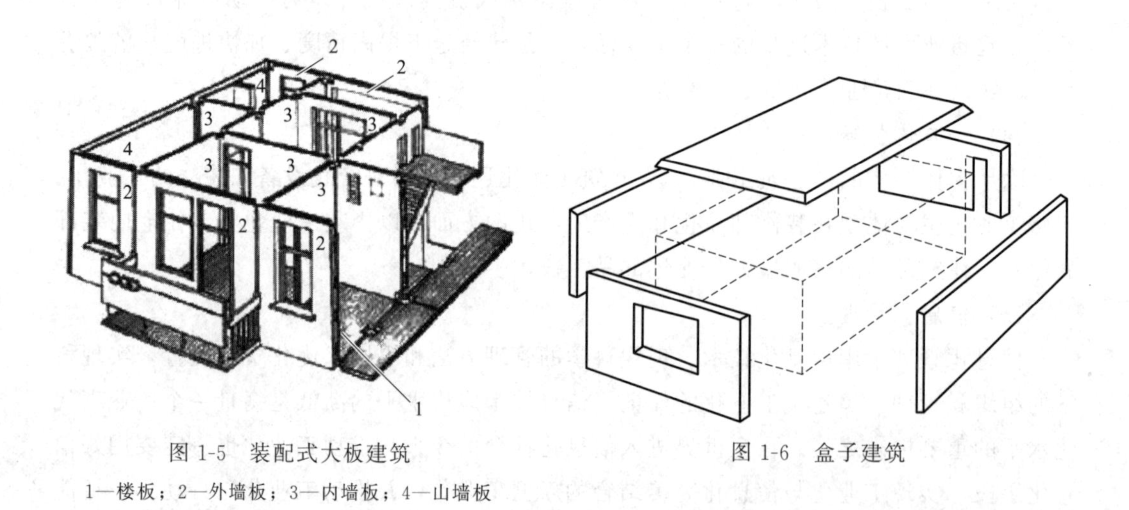

图 1-5 装配式大板建筑

1—楼板；2—外墙板；3—内墙板；4—山墙板

图 1-6 盒子建筑

丹麦推行建筑工业化的途径是开发以“产品目录设计”为中心的通用体系，主要的通用部件有混凝土预制楼板和墙板等主体结构构件。这些部件都适合于 3M（M 为建筑的基本模数）的设计风格，各部分的尺寸是以 1M 为单位生产的，部件的连接和形状（尺寸和连接方式）都符合“模数协调”标准，因此不同厂家的同类产品具有互换性。

此外，丹麦较重视住宅的多样化，甚至在规模不大的低层住宅小区内也采用多样化的装配式大板体系。除装配式大板体系以外，板柱结构、TVP 框架结构和盒子建筑在丹麦都有一定的应用，但主要还是以装配式大板建筑为主。

1.2.1.3 日本的建筑工业化

日本的工业化住宅大多是框架结构，剪力墙结构等刚度大的结构形式很少得到应用。目前日本工业化住宅中，柱、梁、板构件的连接仍然以湿式连接为主，但强大的构件生产、储运和现场安装能力为结构质量提供了强有力的保障，并且为设计方案的制订提供了更多可行的空间。日本的工业化住宅从 20 世纪 50 年代开始至今，经历了从标准设计到标准化施工，从部品专用体系到部品通用体系，再到全面实施建筑工业化的过程。

1955 年，为大城市劳动者提供住宅建设的住宅公团（现日本 UR 都市机构）正式成立，同期成立的还有公库和公营住宅。日本住宅公团在成立不到 10 年之际，就按系列整理出 63 种类型的标准设计，以 DK 型［Dining（餐厅）-Kitchen（厨房）］来体现标准的居住生活形态，以解决住宅的刚性需求。

在 1959 年，日本制定了 KJ（Kokyo Jutaku）规格部品认证制度，使住宅标准化部品批量生产成为可能，但由于 KJ 部品的尺寸、材料等只能由公团规定，因此生产单一规格产品的厂商之间存在恶性竞争，日本开始思考新的部品认定制度。

为了克服 KJ 部品的缺陷，推动住宅部品的发展，日本建设省于 1974 年开发出优于KJ部品的BL（Better Living）部品，避免了批量生产下同类部品的一味复现，从KJ到BL实际上是住宅部品由“大量少品种”到“少量多品种”的发展过程。BL认证部品的普及使部品的规格化、标准化都得到了全面提高。

从1973年到1981年的日本KEP（Kodan Experimental Housing Project）国家统筹试验性住宅计划，彻底转变了既定的单一模式，更为强调研究住宅部品生产的合理化和产业化，以通用体系部品间的组合来实现灵活可变的居住空间。

日本部品产业化的稳步发展为日本住宅工业化打下了坚实的现实基础，也为逐渐开始的百年住宅体系（Century Housing System，CHS）研究提供了新的契机。CHS的意义在于通过确保住宅的功能耐久性和物理耐久性，实现长寿化的百年住宅建设目标。

随着绿色发展理念的不断普及，日本在1997年提出了“环境共生住宅”“资源循环型住宅”，KSI（Kikou Skeleton Infill）机构型SI体系住宅也应运而生。KSI体系明确了支撑体和填充体的分离，其支撑体部分强调主体结构的耐久性，满足资源循环型社会的长寿化建设要求，而其填充体部分强调内装和设备的灵活性、适应性，满足居住者可能产生的多样化需求。

KSI体系住宅实验楼于1998年建于日本UR都市机构的住宅技术研究所内，是最具代表性的KSI体系住宅。KSI体系住宅实验楼总建筑面积约为500m^2，建筑主体结构中采用了无承重墙的纯钢架结构，使用高品质混凝土，对柱、梁、板进行了优化配置，不仅增强了支撑体的耐久性，而且提升了填充体的可更新性。KSI体系住宅实验楼内的4个套型各具特色，且各有侧重地进行了不同材料、技术、工法塑造可变空间的实验。

1.2.1.4 美国的建筑工业化

美国的工业化住宅以钢结构和木结构为主，注重住宅的舒适性、多样化和个性化。高层钢结构住宅基本实现了干作业，达到了标准化、通用化；独户木结构住宅、钢结构住宅在工厂里生产，在施工现场组装，基本也实现了干作业，达到了标准化、通用化。

目前，美国是世界上住宅装配化应用最广泛的国家之一，是世界上住宅装配化应用最广泛的国家，产业化发展已经进入了成熟期。其住宅用构件和部品的标准化、系列化、专业化、商品化和社会化程度也非常之高，这不仅反映在主体结构构件的通用化上，更反映在各类制品和设备的社会化生产和商品化供应上。

此后，信息时代来临，数字化语境下的集成装配发展渗透到建造技术的各个层面，诸如“数字化建构”“模数协调”“虚拟现实”“功能仿真”等概念术语在学术界风起云涌。美国建筑界不断深化使用计算机辅助设计建筑，用数控机械建造建筑，借用数字信息定位进行机械化安装建筑。工业化住宅建造技术也将迎来信息化进程下信息范式的转变。

1.2.2 我国建筑工业化发展历程

我国的建筑工业化发展始于20世纪50年代，经历了发展初期、发展起伏期、发展提升期三个发展阶段，目前正处于大力发展的阶段（图1-7、表1-1）。

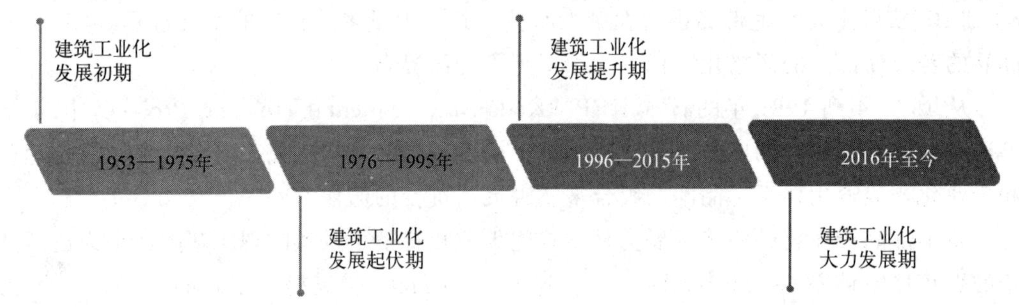

图 1-7 建筑工业化发展历程

表 1-1 新中国十四个“五年计划”[①] 建筑工业化发展特点汇总

发展阶段	五年计划	年份区分	主要特点	备注
建筑工业化发展初期	第一个	1953—1957	建立工业化的初步基础;学习苏联,多层砖混	1956 年提出“三化”
	第二个	1958—1962	初步实现预制装配化	
	第三、四个	1966—1975	短暂停滞	
建筑工业化发展起伏期	第五个	1976—1980	震后停滞;标准化;工业化;多样化	1978 年提出“四化、三改、两加强”
	第六个	1981—1985	新一轮发展	新型建材(部品化)诞生
	第七个	1986—1990	现浇体系出现,装配式质量下滑,再次出现停滞	
	第八个	1991—1995	预制装配式建筑前所未有的低潮,预制工厂关闭	1991 年《装配式大板居住建筑结构设计和施工规程》(JGJ 1—91)发布;1995 年建设部印发《建筑工业化发展纲要》
建筑工业化发展提升期	第九个	1996—2000	“住宅产业化”代替“建筑工业化”,成为建设部大力发展的方向;国家启动康居示范工程;进入新发展阶段	1996 年首次提出“迈向住宅产业化新时代”;国务院办公厅 72 号文件出台;建设部住宅产业化促进中心成立;《住宅产业现代化试点工作大纲》出台
	第十个	2001—2005	研究产业化技术;现浇混凝土和预制混凝土构件相结合;产品、部品发展	吸收引进国外技术;建立住宅性能认定制度,2005 年出台《住宅性能评定技术标准》
	第十一个	2006—2010	企业研发、试点项目启动;各类试点项目	国家住宅产业化基地

续表

发展阶段	五年计划	年份区分	主要特点	备注
建筑工业化发展提升期	第十二个	2011—2015	装配式建筑快速发展；各地出台政策和标准规范；企业积极性高涨	3600万套保障房建设目标。 保障房试验田，装配式建筑快速发展
建筑工业化大力发展期	第十三个	2016—2020	发展新型建造方式，大力推广装配式建筑；积极稳妥推广钢结构建筑；倡导发展现代木结构建筑等	中共中央 国务院《关于进一步加强城市规划建设管理工作的若干意见》(中发[2016]6号)
	第十四个	2021年至今	加快智能建造与新型建筑工业化协同发展、健全建筑市场运行机制、完善工程建设组织模式、完善工程质量安全保障体系、加快建筑业“走出去”步伐等七大主要任务	《“十四五”建筑节能与绿色建筑发展规划》，提出推广新型绿色建造方式，大力发展钢结构建筑；在商品住宅和保障性住房中积极推广装配式混凝土建筑；因地制宜发展木结构建筑

① 从“十一五”起，“五年计划”改为“五年规划”。

1.2.2.1 发展初期

建筑工业化发展初期大体上是1953—1975年，即“一五”到“四五”期间，大致经历了三次转变，这一时期的主要技术来源于苏联，应用领域从工业建筑和公共建筑逐步发展到居住建筑。

1955年，我国面临大量工业建设任务，建工部在借鉴苏联经验的基础上第一次提出要实行建筑工业化。1956年，国务院发布了《国务院关于加强和发展建筑工业的决定》，这是我国最早提出的走建筑工业化道路的文件，文件指出：为了从根本上改善我国的建筑工业，必须积极地、有步骤地实现机械化、工业化施工，必须完成对建筑工业的技术改造，逐步地完成向建筑工业化的过渡。首次提出了“三化”，即设计标准化、构件生产工厂化、施工机械化，明确了建筑工业化的发展方向。

1958—1965年，我国建筑工业化初步实现预制装配化，并于1958年11月在北京建成我国首栋2层装配式大板实验楼。这一时期建筑工业化技术手段及建筑形式单一，技术处理简单化，作业方式逐步向机械化、半机械化和改良工具结合，工厂化和半工厂化相结合以及现场预制和现场现浇相结合转变。

1966—1975年，我国建筑工业化发展发生了短暂的停滞，建筑工业化的标准降低。

在整个建筑工业化发展初期，大规模的基本建设推动建筑工业化快速发展，彰显了预制技术的优越性，尤其是早期在工业建筑和公共建筑领域应用效果明显，对钢筋、水泥以及木材的节约起到了重要的作用。

1.2.2.2 发展起伏期

建筑工业化发展起伏期大体从1976年到1995年，即“五五”到“八五”，我国建筑工业化经历了停滞，低潮发展，再停滞，又重新提上日程的起伏波动。

1976—1978年，经过建筑工业化初期的发展，20世纪70年代中国城市主要是多层的无筋砖混结构住宅，这种住宅的承重墙体由小型黏土砖砌成，而楼板则多采用预制空心楼板，其水平构件一般是采用砂浆简单铺贴于砌体墙上，墙上的支承面不充分，砌体墙无配筋，水平方向基本没有任何拉结，出现了一系列问题。特别是1976年唐山大地震暴露了传统装配式结构抗震性能差的弊端，建筑工业化也因此进入了一小段震后停滞阶段。

1978年至20世纪80年代初，改革开放后，国家建委召开了建筑工业化规划会议，在总结前20年建筑工业化发展和教训的基础上进一步提出“四化、三改、两加强”，即房屋建造体系化、制品生产工厂化、施工操作机械化、组织管理科学化，改革建筑结构、改革地基基础、改革建筑设备，加强建筑材料生产、加强建筑机具生产。随后我国建筑工业化发展出现了一轮高峰，各地纷纷组建产业链条企业，标准化设计体系快速建立，一大批大板建筑、砌块建筑纷纷落地。

20世纪80年代初，现浇体系被引进中国，预拌混凝土技术应运而生，建筑工业化的另一路径，也就是现浇混凝土工艺出现，结构的抗侧力性能得到进一步提升，这项技术解决了当时建筑界对装配式建筑抗震的忧虑。

20世纪80年代末开始，现浇结构体系得到广泛应用，原因如下：一是由于这一时期我国建筑建设规模急剧增长，装配式结构体系已经难以适应新建规模；二是建筑设计的平面、立面个性化、多样化、复杂化，装配式结构体系已难以匹配这一变化；三是对房屋建筑抗震性能要求的提高，使得设计人员更倾向于采用现浇结构体系；四是大量农民工进入城镇，为建筑行业带来了大量廉价劳动力，低成本的劳动力促使粗放的现场湿作业成为混凝土施工的首选方式；五是胶合木模板、大钢模、小钢模应用的迅速普及，以及钢脚手架开始广泛应用，很好地解决了现浇结构体系模板与模架的使用难题；最后是我国钢材产量的大规模提高，使得构件中单位面积用钢量得到增加。因此，采用现浇结构体系更符合当时我国大规模建设的需求。

与之相反的是，从20世纪80年代末开始，由于企业技术创新的动力不足，且建设规模巨大，装配式建筑技术没有实质性的提高，工业化构件生产无法满足建设需要。装配式建筑的发展遇到了前所未有的低潮。

1.2.2.3 发展提升期

建筑工业化发展提升期大体从1996年到2015年，即“九五”到“十二五”，由于建筑能耗、建筑污染等问题的出现，建筑工业化再次被重新提出，中央及全国各地政府均出台相关文件，发展呈走高趋势。

1994年，国家“九五”科技计划“国家2000年城乡小康型住宅科技产业示范工程”中系统地制定了中国住宅产业化科技工作的框架。1995年，建设部发布了《建筑工业化发展纲要》，定义工业化建筑体系是一个完整的建筑生产过程，即把房屋作为一种工业产品，根据工业化生产原则，包括设计、生产、施工和组织管理等在内的建造房屋全过程配套的一种方式。“住宅产业化”代替了“建筑工业化”，成为建设部大力发展的方向。

1996年，建设部发布了《住宅产业现代化试点工作大纲》，提出利用20年的时间，分三个阶段推进住宅产业化的实施规划。1998年，建设部组建了住宅产业化促进中心，具体负责推进中国住宅的技术进步和住宅产业现代化工作。1999年国务院办公厅转发建设部等部门《关于推进住宅产业现代化提高住宅质量的若干意见》，明确了推进住宅产业现代化的指导思想、主要目标、工作重点和实施要求等。建设部依托专门成立的住宅产业化促进中心，指导全国住宅产业化工作，建筑工业化发展进入一个新的阶段。

2001—2005年，“十五”期间，吸收引进国外技术并自主研究产业化技术，推广试点项目，建筑产品、部品得到了长足的发展。2001年，由建设部批准建立的“国家住宅产业化基地”项目开始试行。2005年，我国建立住宅性能认定制度，出台了《住宅性能评定技术标准》。

2006—2010年，“十一五”期间，建设部于2006年下发《国家住宅产业化基地试行办法》文件，“国家住宅产业化基地”项目开始正式实施，力图通过住宅产业化基地的建设带动住宅产业化发展。以万科为代表的一批开发企业开始全面研发大板体系，2008年万科两栋装配式剪力墙体系住宅诞生，预制装配整体式结构体系开始发展。

2011—2015年，“十二五”期间，住建部提出3600万套保障房建设目标，我国保障性安居工程进入大规模建设时期，保障房建设成为住宅产业化的最佳试验田。其间，相关国家标准、行业标准、地方标准纷纷出台，各地构件厂纷纷酝酿重新上马，大量新的构件生产工厂开始建设。

1.3 我国建筑工业化发展现状

随着我国建筑业大型装备生产能力与建造技术的渐趋成熟，我国建筑设计与施工技术水平已接近或达到发达国家技术水平，近年来我国建筑工业化迎来大力发展时期。

为实现建筑业转型升级，提高我国建筑工业化水平，我国政府和各级建设行政主管部门相继出台大量有关政策措施，大力提倡装配式建筑。2016年2月，国务院颁发《关于进一步加强城市规划建设管理工作的若干意见》（简称《意见》）标志着国家正式将推广装配式建筑提升到国家发展战略的高度。《意见》强调我国须大力推广装配式建筑，建设国家级装配式生产基地；加大政策支持力度，力争用10年左右时间，使装配式建筑占新建建筑的比例达到30%。

2017年，我国推出《装配式建筑评价标准》（GB/T 51129—2017），《工业化建筑评价标准》（GB/T 51129—2015）同时废止。可以看出，我国从这一时期开始舍弃了半个世纪以来业内对工业化建筑的理解，明确用装配式建筑代替了工业化建筑，行业进入了单一推广装配式建筑的热潮。

2017年3月，住建部印发了《“十三五”装配式建筑行动方案》，提出了两个总目标：一是到2020年，全国装配式建筑占新建建筑的比例达到15%以上；二是到2020年，培育50个以上装配式建筑示范城市、200个以上装配式建筑产业基地、500个以上装配式建筑示范工程，建设30个以上装配式建筑科技创新基地，充分发挥示范引领和带动作用。

2018 年，全国两会的《政府工作报告》进一步强调，大力发展钢结构和装配式建筑，加快标准化建设，提高建筑技术水平和工程质量。从国家政策导向可以看出，政府尤其偏向于以装配式混凝土结构的形式发展建筑工业化，同时兼顾钢结构和木结构。

为响应国家政策，各大房企在装配式建筑方面做出了大胆的研发和试点尝试。住建部统计数据显示，我国装配式建筑新建面积呈逐年增加趋势，从 2012 年新建面积 1425 万 m^2，逐步增长到 2016 年的 1.14 亿 m^2，2018 年新建面积达到 2.89 亿 m^2，同比增长高达 80.63%，如图 1-8 所示。根据《住房和城乡建设部标准定额司关于 2020 年度全国装配式建筑发展情况的通报》（建司局函标〔2021〕33 号），在 2020 年，全国 31 个省、自治区、直辖市和新疆生产建设兵团新开工装配式建筑共计 6.3 亿 m^2，较 2019 年增长 50%，占新建建筑面积的比例约为 20.5%，完成了《"十三五"装配式建筑行动方案》确定的到 2020 年达到 15%以上的工作目标。京津冀、长三角、珠三角等重点推进地区新开工装配式建筑占全国的比例为 54.6%，积极推进地区和鼓励推进地区占 45.4%，重点推进地区所占比重较 2019 年进一步提高。其中，上海市新开工装配式建筑占新建建筑的比例为 91.7%，北京市为 40.2%，天津市、江苏省、浙江省、湖南省和海南省均超过 30%。

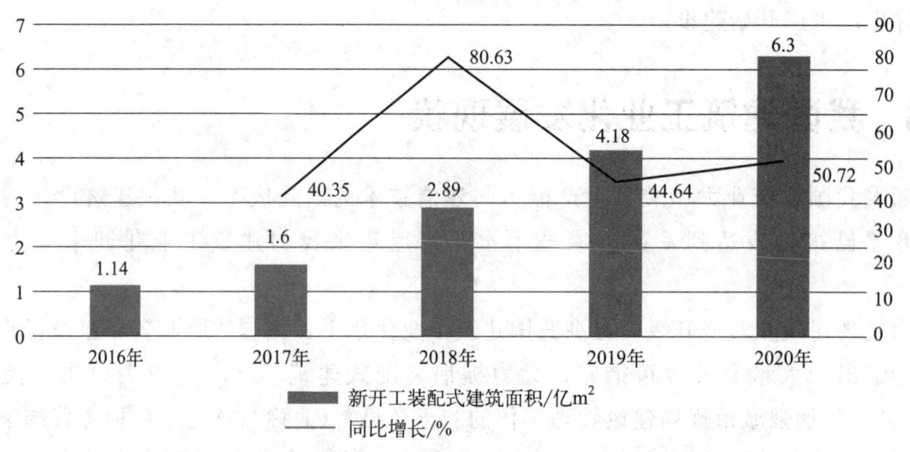

图 1-8　2016—2020 年全国新开工装配式建筑面积及增速（数据来源：住房和城乡建设部）

从结构形式看，新开工装配式混凝土结构建筑 4.3 亿 m^2，较 2019 年增长 59.3%，占新开工装配式建筑的比例为 68.3%；装配式钢结构建筑 1.9 亿 m^2，较 2019 年增长 46%，占新开工装配式建筑的比例为 30.2%。其中，新开工装配式钢结构住宅 1206 万 m^2，较 2019 年增长 33%。装配式钢结构集成模块建筑得到快速推广。

思考题

在线题库

1. 什么是建筑工业化？建筑工业化包括哪些内容？
2. 为什么要发展建筑工业化？
3. 简述近年我国发展建筑工业化的主要途径和做法。

第2章
工业化建筑结构体系与设计

新形势下，国家提出要大力推进建筑产业现代化，全面发展装配式建筑。建筑产业现代化以绿色发展为理念，以建筑工业化为核心。新型建筑工业化是指在房屋建造全过程中以标准化设计、工厂化生产、装配化施工、一体化装修和信息化管理为主要特征，能够实现可持续发展的新型建筑生产方式。

2.1 工业化建筑的结构体系

工业化建筑是指按照标准化的建筑部品部件规格，在工厂流水线上预制建筑单元或构件，运输至工地现场后拼装形成的建筑。简单来说，工业化建筑就是用现代工业化生产方式建造出来的房屋。目前，行业内多称为装配式建筑。

一般来说，装配式建筑是指将建筑的部分或全部构件在工厂内预制完成，然后运输到施工现场，将构件通过可靠的连接方式拼装而建成的建筑。其工艺是以预制构件为主要受力构件，经现场装配和可靠连接而形成建筑结构。

按照《装配式混凝土建筑技术标准》(GB/T 51231) 的定义，装配式建筑是指结构系统、外围护系统、设备与管线系统、内装系统的主要部分采用预制部品部件集成的建筑。装配式建筑结构主要包括装配式混凝土结构、装配式钢结构和装配式木结构等，如图 2-1 所示。

2.1.1 装配式混凝土结构

装配式混凝土结构按照构件连接方式的不同分为装配整体式混凝土结构和全装配式混凝土结构两大类型。

装配整体式混凝土结构是指预制混凝土构件通过可靠的方式进行连接，并与现场后浇混凝土、水泥基灌浆料形成整体的装配式混凝土结构，这里提到的预制构件是指在工厂制作完成的混凝土构件。简言之，该类型结构的构件之间采用的是“湿式连接”。装配整体式混凝土结构适用于多层和高层建筑，也是我国目前重点发展的装配式建筑类型。

全装配式混凝土结构是指预制混凝土构件之间通过螺栓、焊接或搁置的方式形成的装配式混凝土结构。简言之，该类型结构的构件之间采用的是“干式连接”。全装配式混凝土结构的整体性和抗侧力较差，不适用于高层建筑。但其具有构件制作简单，安装方便等优点。国外许多低层和多层建筑采用该类型结构。

(a) 装配式混凝土结构

(b) 装配式钢结构

(c) 装配式木结构

图 2-1 装配式建筑结构

(1) 装配式混凝土框架结构

装配式混凝土框架结构是指全部或部分框架梁、柱采用预制构件构建成的装配整体式混凝土结构，以柱、梁作为主要受力构件承受竖向和水平作用，如图 2-2。我国目前用于装配式混凝土框架结构的预制构件主要包括叠合板、叠合梁、预制柱、预制内墙板、预制外挂墙板、预制楼梯等。

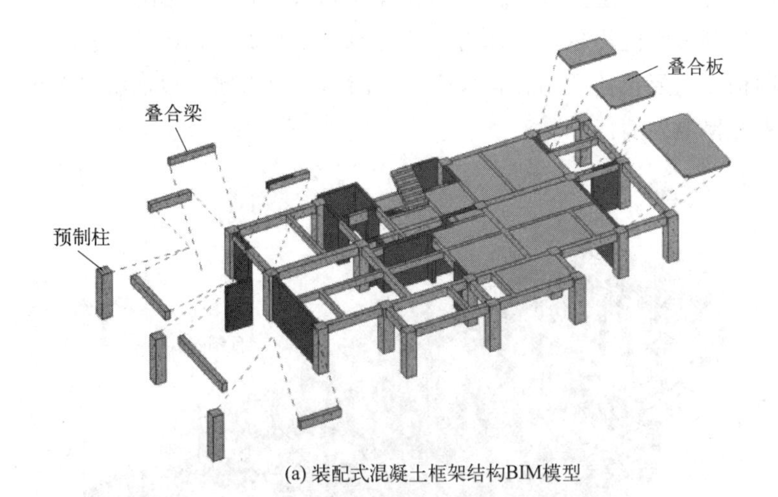

(a) 装配式混凝土框架结构BIM模型

(b) 实景图

图 2-2　装配式混凝土框架结构

框架结构建筑平面布置灵活，可以根据使用功能进行分割，在低多层住宅和商场等公共建筑中得到了广泛的应用。根据国内外多年的研究成果，在地震区的装配式混凝土框架结构，当节点及接缝采用适当的构造并满足相关要求时，可认为其性能等同于现浇结构，其房屋最大适用高度与现浇框架结构相同。

装配式混凝土框架结构是世界上装配式混凝土建筑中应用最早、最广泛的结构体系。为了减少预制柱水平接缝中纵向钢筋的连接数量，可采用高强度、大直径、大间距的钢筋，从而减少套筒连接件，实现简化施工。

混凝土框架结构的主要缺点是柱梁构件会侵入室内建筑空间。为了克服该问题，可以实行管线分离和同层排水，通过上布吊顶和下设架空，室内布置收纳柜，掩盖柱梁凸出的问题。日本装配式住宅多采用这种设计方法。

(2) 装配式混凝土剪力墙结构

装配式混凝土剪力墙结构是指全部或部分剪力墙采用预制墙板建成的装配整体式混凝土结构，以剪力墙作为主要受力构件承受竖向和水平作用，如图 2-3。剪力墙结构依靠自身刚度，抗侧力性能优越，也称为“抗震墙”。目前，我国用于装配式混凝土剪力墙结构的预制构件主要包括预制叠合板、全截面预制剪力墙、单面叠合剪力墙、双面叠合剪力墙、夹心保温外墙板等。

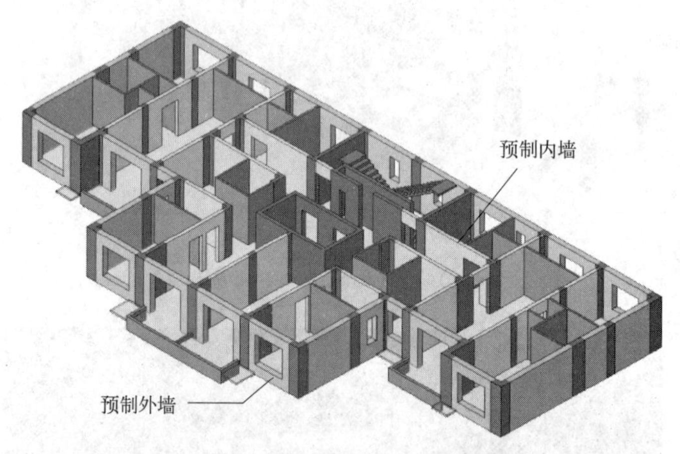

(a) 装配式混凝土剪力墙BIM模型

(b) 装配式剪力墙实景

图 2-3 装配式混凝土剪力墙结构

装配式混凝土剪力墙结构在我国发展迅速，特别在高层住宅建筑中得到大量的应用。但该结构体系中墙体之间的接缝数量多且构造复杂，接缝的构造措施及施工质量对结构整体的抗震性能影响较大，使装配式混凝土剪力墙结构的抗震性能很难完全等同于现浇结构。因此，我国现有的设计规范对装配整体式混凝土剪力墙结构采用从严要求的态度，其房屋最大适用高度要比现浇剪力墙结构降低 10～20m。

值得指出的是，装配式混凝土剪力墙结构的外墙板可以实现结构保温装饰一体化预制。采用石材、面砖反打或装饰混凝土面层，省去了现浇结构的外装修工艺。目前我国使用较多的全截面预制剪力墙构件，限于边缘构件和水平接缝的连接，墙顶和两侧三边出筋，墙底预留灌浆套筒，无法完全实现自动化生产。

2.1.2 装配式钢结构

钢结构建筑是由钢构件通过焊接、螺栓连接、铆钉连接组成的，具有装配式的自然特征。然而，并不是所有的钢结构建筑都是装配式建筑。

根据《装配式钢结构建筑技术标准》（GB/T 51232）的定义，装配式钢结构建筑是指建筑的结构系统由钢部（构）件构成的装配式建筑。相比普通钢结构建筑，装配式钢结构建筑强调建筑的结构系统、外围护系统、内装系统、设备与管线系统的集成化，强调各个系统都尽可能采用预制部品部件，强调部品部件和连接节点的标准化。

(1) 装配式钢结构的优点

① 轻质高强，特别适用于高层、超高层、大跨度建筑。

② 延性和冲击韧性良好。从钢构件屈服到破坏的过程中产生较大的塑性变形，在动力荷载作用下，可以耗散较多的能量，再加上质量轻，装配式钢结构的抗震性能优于其他结构。

③ 良好的加工性能，具有与生俱来的装配式和工业化的优势。

④ 循环利用，绿色建筑。主体结构材料可循环利用，回收率达 90%，在建造过程中节能、节地、节水、节材、绿色环保，符合绿色建筑“四节一环保”的要求。

⑤ 高度的集成化简化了施工，现场几乎没有湿作业，围护和内装系统可尾随结构系统施工，施工工期短。

(2) 装配式钢结构的缺点

① 耐火性能差。温度超过 200℃出现蓝脆现象，温度超过 600℃，瞬间失去承载力。钢结构必须采取防火措施。

② 耐腐蚀性差。在潮湿和有腐蚀介质的环境中，锈蚀问题严重。采用防腐涂料或耐候钢。

③ 成本高。对于多层和高层建筑，钢结构的建造成本高于混凝土结构。

④ 舒适度问题。高层钢结构属于柔性结构，容易出现风振舒适度问题。

(3) 装配式钢结构的结构体系

装配式钢结构建筑按照结构受力体系主要分为：钢框架结构、钢框架-支撑结构、钢框架-延性墙板结构、筒体结构、门式刚架轻钢结构、大跨空间钢结构。

① 钢框架结构。钢框架结构是由钢梁和钢柱刚性连接组成的结构，其抗侧刚度仅由钢框架提供，是一种典型的柔性结构，如图 2-4。框架柱也可以采用钢管混凝土、钢

骨混凝土等钢-混凝土组合柱。

图 2-4 钢框架结构

② 钢框架-支撑结构。钢框架-支撑结构是在钢框架结构的基础上，在部分框架之间布置斜向钢支撑，从而提高结构的抗侧刚度，如图 2-5。支撑体系主要承担水平荷载，按照受力机理分为中心支撑、偏心支撑、约束屈曲支撑。

图 2-5 钢框架-支撑结构

中心支撑构件的两端与梁柱节点相交，或一端与梁柱节点相交，一端与其他支撑构件相交。

偏心支撑构件的一端不与梁柱节点相交，留出一段距离，形成一个“耗能梁段”，其先于钢支撑构件屈服。

约束屈曲支撑体系是故意把支撑构件设计成屈曲消能杆件，在地震过程中吸收和耗散能量，降低地震动力响应。

③ 钢框架-延性墙板结构。钢框架-延性墙板结构是在钢框架结构的基础上，在部分框架之间布置延性墙板，提高结构的侧向刚度，与钢框架共同承受水平荷载的结构，如图 2-6。在地震作用下，这种结构层间位移减小，减少了对外墙和内墙等非结构构件的破坏。延性墙板通常采用带竖缝的混凝土剪力墙。

图 2-6　钢框架-延性墙板结构

④ 筒体结构。筒体结构是指由竖向筒体承受竖向和水平荷载的建筑结构。筒体结构包括框筒、筒中筒、束筒结构，主要适用于超高层办公楼、商务楼、综合楼等。框筒由密柱式的钢结构框架组成。

⑤ 门式刚架轻钢结构。门式刚架轻钢结构是采用变截面的工字型梁和柱组成的一种框架结构，为平面受力体系，如图 2-7。平面外采用柱间支撑、屋面支撑、檩条和墙梁等连接，具有质量轻、用钢量少等优点。该体系适用于厂房、仓库等建筑。

图 2-7　门式刚架轻钢结构

2.1.3 装配式木结构

木结构建筑是人类历史上最早的建筑形式之一。中国古代的宫殿、寺庙、园林以及居民建筑大都采用木结构，在一些地方仍然有几百年甚至上千年历史的木结构建筑。例如，北京故宫太和殿（图 2-8），山西省应县木塔（图 2-9）。中国古代木结构以原木、方木为建筑材料，制作柱、梁、斗拱、枋、檩条、椽子等构件组成结构承重骨架。其中斗拱是十分有特色的集成式预制构件，如图 2-10。榫卯是古代木结构中十分巧妙的节点连接方式。

图 2-8　北京故宫太和殿

图 2-9　山西省应县木塔

图 2-10　木结构斗拱

装配式木结构是采用工厂预制的木结构组件和部品，以现场装配为主要手段建造而成的结构，其结构系统由木结构承重构件组成。

(1) 装配式木结构的优点

① 能耗低，污染小，有利于节能减排。

② 自重轻，受地震影响小。

③ 保温性能好，舒适度高。

④ 现场施工效率高。

(2) 装配式木结构的缺点

① 防火要求高。

② 建筑高度和复杂建筑空间受限。

③ 需要有木结构组件和部品制作工厂。

(3) 装配式木结构的结构体系

现代装配式木结构建筑采用新材料、新工艺和工业化的精确化生产。2016 年，中共中央、国务院在《关于进一步加强城市规划建设管理工作的若干意见》中提出："在具备条件的地方，倡导发展现代木结构建筑。"现代装配式木结构体系主要有轻型木结构、胶合木结构和方木原木结构。

① 轻型木结构。轻型木结构是采用小断面规格材、木基结构板材等制作的木构架墙体、楼盖和屋盖系统构成的单层或多层建筑结构，如图 2-11。规格材和木基结构板材，都是标准化和规格化的工业产品，可批量生产。轻型木结构中，墙骨柱、楼盖格栅、轻型木桁架和檩条之间的间距较密，一般不大于 600mm，小断面密布的轻型木结构属于柔性结构。

图 2-11 轻型木结构

轻型木结构主要由骨架构件和墙面板、楼面板和屋面板共同承受荷载。采用规格材作为墙体骨柱，定向刨花板或胶合板等结构性能稳定的板材作为覆面板，可形成具有良好抗侧能力的木剪力墙，这也是结构主要的抗侧力构件。

轻型木结构构件之间主要采用钉、螺栓、金属齿板及专用金属连接件连接，其中钉连接最为普遍。轻型木结构可用于建造住宅、小型旅馆和小型商业建筑等。

② 胶合木结构。胶合木结构是采用由 20～45mm 厚的锯材胶合而成的层板胶合木构件组成的建筑结构体系，如图 2-12。胶合木结构可以做成梁柱式、桁架式、拱式及

图 2-12 胶合木结构

门架式。胶合木结构的木材通过工业化生产与加工，利用化学黏合剂高压成型。胶合木构件之间主要通过螺栓、销钉、钉、剪板以及各种金属连接件连接。胶合木结构适用于单层工业建筑和使用功能多样的大、中型公共建筑等，是目前应用广泛的木结构形式。

③ 方木原木结构。方木原木结构是指承重构件主要采用方木或原木制作的单层或多层建筑结构，如图2-13。方木原木结构在《木结构设计标准》（GB 50005—2017）中被称为普通木结构。梁柱连接节点、梁梁连接节点采用钢板、螺栓或销钉以及专用连接件进行连接。

图2-13　方木原木结构

2.2 装配式建筑设计

2.2.1 设计原则

装配式建筑设计必须符合有关政策、法规及标准的规定。在满足建筑使用功能和性能要求的前提下，采用模数化、标准化、集成化的设计方法，践行“少规格、多组合”的设计原则，将建筑的各种构件、部品、构造及连接技术实行模块化组合与标准化设计，建立合理、可靠、可行的建筑技术通用体系，实现建筑的装配化建造。

(1) 装配式建筑的集成化设计

装配式建筑的集成化是指装配式建筑按照结构系统、外围护系统、内装系统和设备与管线系统一体化设计原则，以集成化的建筑体系和部品部件为基础的综合设计。

对于结构系统，宜选择功能复合度高的部件进行集成设计，例如集结构、保温、防水、装饰于一体的夹心剪力墙外墙板（图 2-14）。对于外围护系统，应采用单元式装配外墙系统，外挂墙板装饰一体化（图 2-15）。对于内装系统，应与建筑设计、设备与管线设计同步进行，采用装配式楼地面、装配式吊顶、集成式卫生间（图 2-16）和集成式厨房（图 2-17）。对于设备与管线系统，宜选用模块化产品和标准化接口，综合暖通空调、燃气、电气智能化以及给水排水等设备与管线的要求进行综合设计。

图 2-14　夹心剪力墙外墙板

(2) 装配式建筑的模数化设计

所谓模数，就是选定尺寸单位，作为尺度协调中的增值单位。

我们都知道，建筑物层高的变化是以 100mm 为单位的，设计层高有 2.9m、3.0m、3.1m，而不是 2.94m、3.06m、3.12m。这个 100mm 就是层高变化的模数。建筑物的跨度是以 300mm 为单位变化的，跨度有 6m、6.3m、6.6m、6.9m，而没有 6.12m、6.37m、6.89m。这个 300mm 就是跨度变化的模数。

建筑的基本模数是指模数的基本尺寸单位，用 M 表示，1M＝100mm。建筑物、建筑的一部分和建筑部件的模数化尺寸，应当是 100mm 的倍数。扩大模数是基本模数的整数倍数；分模数是基本模数的整数分数。

对于装配式建筑的模数有以下规定：

① 装配式建筑的开间或柱距、进深或跨度、门窗洞口宽度等宜采用水平扩大模数数列 $2n$M、$3n$M（n 为自然数）。

图 2-15　外挂墙板装饰一体化

图 2-16　集成式卫生间

图 2-17　集成式厨房

② 装配式建筑的层高和门窗洞口高度等宜采用竖向扩大模数数列 nM。

③ 梁、柱、墙等部件的截面尺寸等宜采用竖向扩大模数数列 nM。

④ 构造节点和部件的接口尺寸宜采用分模数数列 nM/2、nM/5、nM/10。

(3) 装配式建筑的标准化设计

装配式建筑的部品部件及连接应采用标准化、系列化的设计方法，主要包括：

① 尺寸的标准化。

② 规格系列的标准化。例如叠合板的跨度和厚度、配筋都是相对应的。

③ 节点和接口的标准化。例如集成式的卫生间，它与现场给水排水的接口是标准的，就可以互换。

同规格的构件越多，模具周转次数就越多，越能提高经济效益。因此，装配式混凝土建筑更适用于建筑标准化程度相对较高的建筑。对于住宅、医院、酒店、商场、学校以及中小型厂房等，一般来说其标准化程度较高，因此也更适合采用装配式混凝土建筑。例如，在住宅的建筑方案设计中保持建筑形体规整，对户型采用模块化设计，则可采用同规格的预制构件。

(4) 装配式建筑的协同化设计

协同设计就是在统一设计标准的前提下，各个设计专业在一个统一的平台上进行设计，以减少各专业之间由于沟通不畅或沟通不及时导致的错、漏、碰、缺，真正实现所有图样信息的单一性。装配式建筑中协同设计的必要性体现在以下几个方面：

① 装配式混凝土建筑中，各个专业和各个环节的一些预埋件要埋设在预制构件里，如果设计出了问题，现场修改时的砸墙、凿槽会损害预埋件，还可能破坏混凝土保护层。

② 对于装配式建筑应该先进行装修设计，许多装修预埋件要在构件图中设计，这需要各个相关专业密切协同设计。

③ 装配式建筑要进行管线分离和同层排水，所以需要各个相关专业密切协同设计。

④ 预制构件制作需要脱模、翻转，在这个过程中需要吊点和预埋件，施工时也需要在构件中埋设预埋件，这些都需要预先设计到预制构件图纸中。

2.2.2 平面设计

国家标准关于装配式混凝土结构平面形状的规定与现浇混凝土结构一样。从抗震和成本两个方面考虑，装配式建筑平面形状以简单为好。凹凸过大的形状对抗震不利；平面形状复杂的建筑，预制构件种类多，会增加成本。

装配式混凝土建筑宜选用大开间、大进深的平面布置；承重墙、柱等竖向构件上、下宜连续；门窗洞宜上下对齐、成列布置，其平面位置和尺寸应满足结构受力及预制构件的设计要求；剪力墙结构不宜采用转角窗；厨房和卫生间的平面布置应合理，其平面尺寸宜满足标准化整体橱柜及整体卫浴的要求，设备管井宜与楼电梯井结合，进行集中布置。

2.2.3　立面设计

(1) 建筑高度

按照现行国家标准对建筑最大适用高度的规定，对于框架结构、框架-现浇剪力墙结构，装配式混凝土建筑最大适用高度与现浇混凝土建筑一样；对于剪力墙结构，装配式建筑比现浇降低 10～20m；对于框架-核心筒结构，装配式建筑比现浇低 10m；对于竖向构件全部现浇，楼盖采用叠合梁、叠合板的剪力墙结构，装配式与现浇一样。

(2) 层高设计

装配式混凝土建筑宜采用大开间布置、管线分离和同层排水。大开间大跨度布置，楼板厚度会加大；实行管线分离，顶棚需要吊顶（图 2-18），吊顶高度一般为 100～200mm；同层排水，地面需要架空（图 2-19），高度为 150mm 左右。采用上有吊顶、下有架空的建筑设计，所有管线都不用埋设到混凝土楼板中，可以方便地实现同层排水和集中管道井，层间隔声和保温效果好，水电维修不会对结构“伤筋动骨”。

图 2-18　管线分离顶棚吊顶

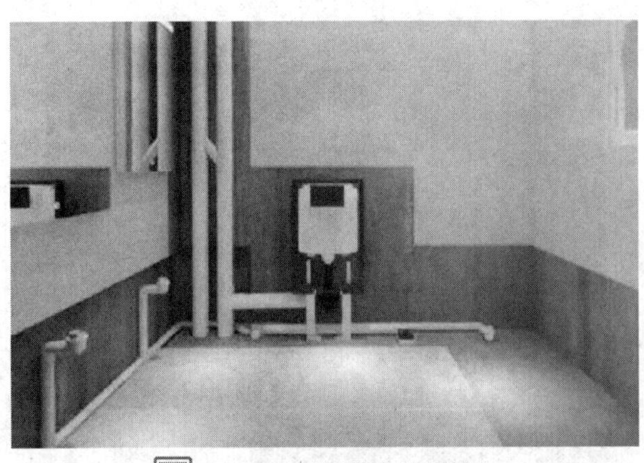

图 2-19　同层排水地面架空

日本住宅建筑多采用上有吊顶、下有架空的建筑设计，建筑层高一般比我国高300～500mm，但净高却比我国低。显然，增加建筑层高势必会增加建造成本，但是消费者更喜欢净高大的住宅。所以，层高设计需要建筑商根据建筑产品的市场定位和造价进行决策。

(3) 外立面设计

对于采用框架结构体系的建筑外立面，由于外墙不承重，因此空间布置可以更灵活，其建筑外立面设计更具创意性。可利用预制梁和预制柱，形成方格网立面；或采用梁凸出，柱子凹入，强调横向线条；也可以采用柱子凸出，梁凹入，强调竖向线条等。通过构件位置的变化，呈现不同的建筑风格。

预制混凝土外挂墙板通过安装节点安装在柱、梁或楼板上，不承担结构的竖向荷载。外挂墙板采用工厂预制、现场拼装的方式，实现外围护墙体与主体结构同时施工。

外挂墙板的装饰面层宜采用清水混凝土、装饰混凝土、免抹灰涂料和反打面砖等，实现外墙抹灰、防水和装饰装修等一体化设计，如图 2-20。装饰混凝土是指在预制混凝土外墙构件时，利用具有特殊表面造型的模具使预制构件表面形成装饰性的线条、图案、纹理、质感及颜色等，以满足建筑立面个性化和多样化的需求，例如具有仿石材、仿砖、仿木等质感的混凝土或彩色混凝土等。

(a) 反打面砖

(b) 装饰混凝土

(c) 预制飘窗外墙一体化

(d) 清水混凝土

图 2-20　外挂墙板

剪力墙结构外墙板宜做成建筑、结构、围护、保温、装饰一体化墙板，整体预制，即夹心保温剪力墙外墙板，如图 2-21。该墙板由三层组成：内叶墙板为承重剪力墙板；中间层为保温材料；外叶墙板为预制混凝土板，保护中间的保温层，不参与结构受力。内外叶墙板之间采用连接件进行连接。

图 2-21　夹心保温剪力墙外墙板

2.3 装配式结构设计

2.3.1 基本规定

2.3.1.1 等同现浇原理

装配整体式混凝土结构由于采用的是可靠连接和必要的结构湿连接构造措施，其整体性和抗震性能良好，与传统现浇混凝土结构的性能基本等同，即“等同现浇原理”。需要指出的是，“等同现浇原理”是一个结构设计技术目标，强调的是能够使装配式混凝土结构最终的受力性能和抗力效能与现浇结构等同，而不是工艺做法的等同。我国的《装配式混凝土建筑技术标准》(GB/T 51231—2016) 要求“装配整体式混凝土结构的可靠度、耐久性及整体性等基本上与现浇混凝土结构等同”。

2.3.1.2 结构设计主要内容

装配式混凝土建筑结构设计的主要内容包括：

(1) 选择、确定结构体系

在选择结构体系时进行多方案技术经济比较与分析，进行使用功能、成本、装配式适宜性的全面分析。

(2) 进行结构概念设计

依据结构原理和装配式结构的特点，对结构整体性、抗震设计等与结构安全有关的重点问题进行概念设计。

(3) 进行拆分设计

确定预制范围；确定结构构件拆分界面的位置（即接缝位置），绘制预制构件平面布置图，如图 2-22。进行拆分工作时，尽可能统一和减少构件规格，实现构件标准化。

(4) 进行连接节点设计

确定连接方式，进行连接节点设计；选定连接材料，给出连接方式试验验证的要求；进行后浇混凝土连接节点设计，进行接缝抗剪计算等。接缝选在应力较小的部位，构件的尺寸和规格应符合制作、运输、安装环节约束条件。遵循经济性原则，进行多方案比较，给出经济上可行的拆分方案。

(5) 预制构件设计

① 对预制构件的承载力和变形进行验算，包括在脱模、翻转、吊运、存放、运输、安装和安装后临时支撑时的承载力和变形验算，给出各种工况的吊点、支承点的设计。

② 设计预制构件形状尺寸图、配筋图。

③ 进行预制构件结构设计，将建筑、装饰、水暖电等专业需要在预制构件中埋设的管线、预埋件、预埋物、预留沟槽，连接需要的粗糙面和键槽要求，制作、施工环节需要的预埋件等，都无一遗漏地汇集到构件制造图中（图 2-23)。

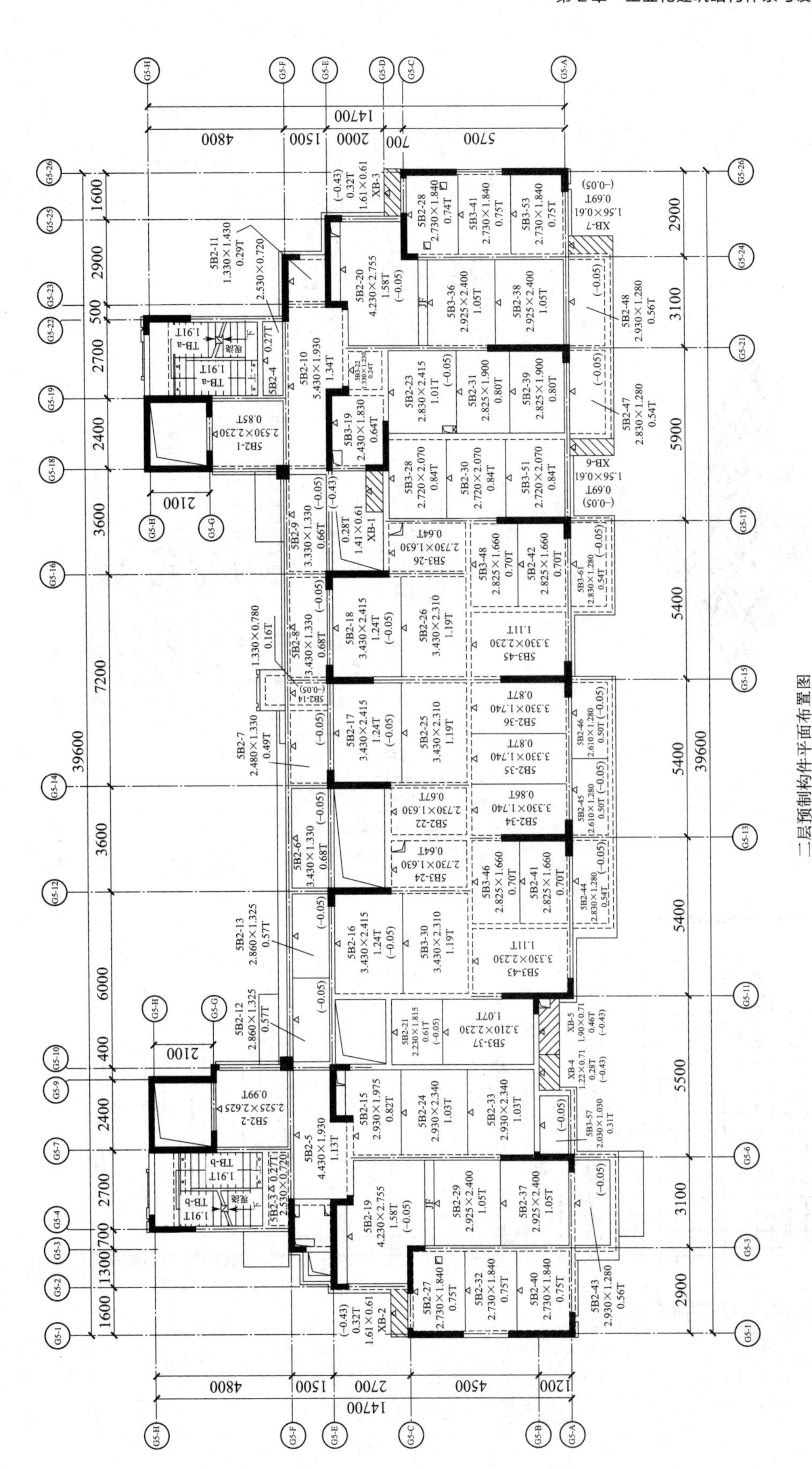

图 2-22　预制构件平面布置图

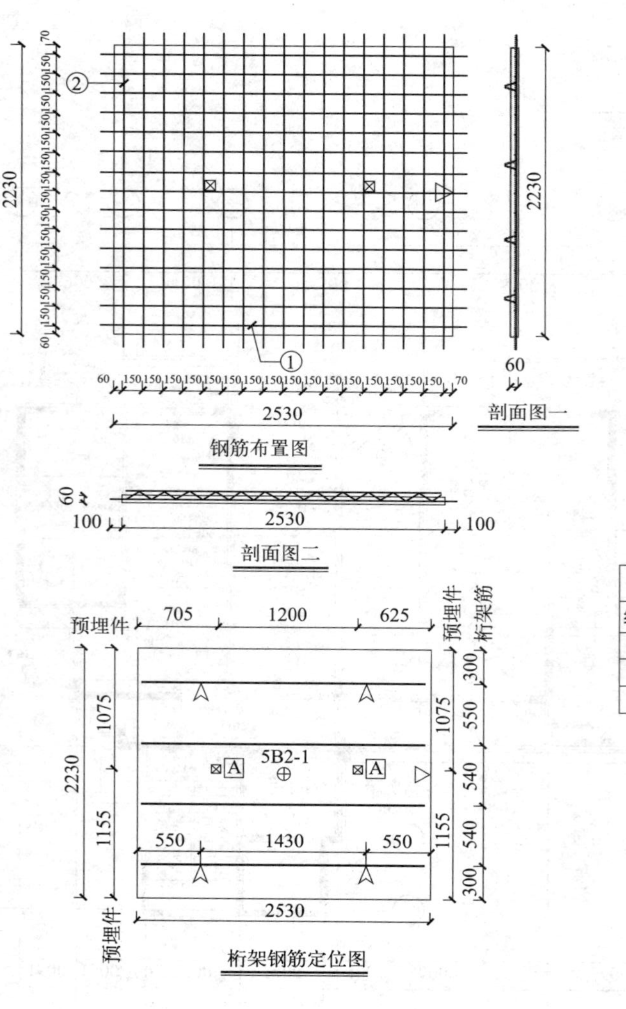

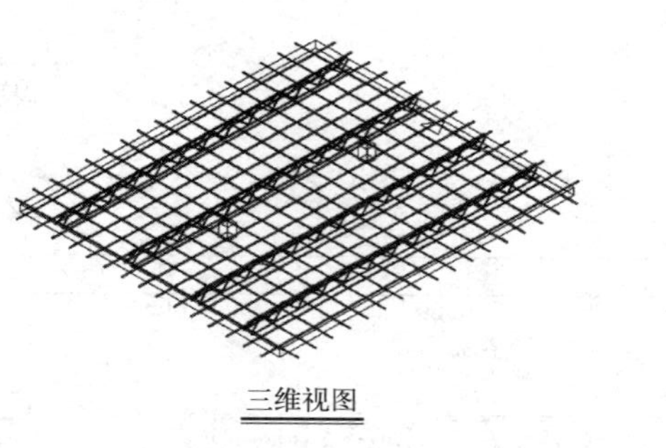

钢筋弯折列表清单						
编号	数量	直径	单根长度	钢筋形状	总长度/mm	质量/kg
1	15	8	2730	2730	40950	16.16
2	17	8	2430	2430	41310	16.30
总重/kg：32.46						

混凝土等级：C30 厚度：60mm 面积：5.64m^2 体积：0.34m^3 质量：0.85t
钢筋等级：HRB 400 保护层厚度：15mm
Git：4 A80 −2480
A 2×预埋电盒B3型 1×安装定位标记

说明：

1.预制板与现浇结合面需做粗糙面处理，粗糙面深度不小于4mm。
2.△表示安装定位标记。
3.钢筋桁架及吊点补强大样详见总说明。
4.当钢筋与预留洞轻微碰撞时，应保证预留洞定位准确，钢筋根据15G366-1第81页弯折绕开洞口。
5.叠合楼板施工要求详见15G366-1及总说明。
6.预埋电盒相关要求详见总说明。
7.⩓表示吊点位置。
8.⊕ 表示板片重心位置。
9.预埋件型号及厂家需与施工单位确认。

图 2-23　预制构件制造图

④ 给出构件制作、存放、运输和安装后临时支撑的要求，包括临时支撑拆除条件的设定。

2.3.2 预制混凝土构件设计

预制混凝土构件是指在工厂或现场预先制作的混凝土构件，简称为预制构件。装配式混凝土结构常用预制构件包括：叠合板、叠合梁、预制剪力墙、预制柱、预制楼梯、预制阳台板、预制空调板等。

2.3.2.1 叠合板

叠合板是指由工厂预制混凝土底板和现场后浇混凝土层叠合而形成的整体式楼板。叠合板是目前国内应用最广泛的预制楼板。

叠合板的预制层厚度一般为60mm，后浇叠合层的厚度为70mm、80mm、90mm，预制层的顶面需要设置粗糙面（拉毛处理）。跨度大于3m的叠合板，宜采用桁架钢筋混凝土叠合板，如图2-24。桁架钢筋由上、下弦钢筋和波浪形腹筋组成，断面呈三角形，预埋在预制底板内，如图2-25。桁架钢筋增加了预制底板在吊装和安装时的刚度，并提高了预制底板和后浇层水平截面的抗剪性能，使新旧两层混凝土板联结成整体。

图2-24　桁架钢筋混凝土叠合板

图2-25　桁架钢筋

桁架钢筋混凝土叠合板可根据预制板接缝构造、支座构造、长宽比按单向板或双向板设计。当预制板之间采用整体式接缝[图 2-26(a)]时，接缝采用 300～500mm 后浇带连接，可按双向板设计，预制板沿两个方向均出筋，桁架钢筋沿主受力方向平行布置，如图 2-27。当预制板之间采用分离式接缝[图 2-26(b)]时，宜按单向板设计，跨度方向需要出筋与梁连接，另一个方向分布钢筋不出筋，如图 2-28。

(a) 整体式接缝

(b) 分离式接缝

图 2-26　叠合板接缝形式

图 2-27　双向叠合板

2.3.2.2　叠合梁

叠合梁是指先在工厂预制混凝土梁下部，梁底筋和箍筋一起预制，然后在现场后浇预制梁上部混凝土，梁顶筋现场绑扎，新旧两层混凝土形成整体受弯构件，如图 2-29。

为了保证叠合梁的整体性，框架梁的上部后浇部分厚度不宜小于 150mm。叠合梁

图 2-28　单向叠合板

图 2-29　叠合梁

的下部预制部分一般采用矩形截面[图 2-30(a)]，为了增加预制和后浇部分的连接，在预制部分也可采用凹口截面[图 2-30(b)]，凹口深度不宜小于 50mm，凹口壁厚不宜小于 60mm。如图 2-31，左侧为矩形截面，右侧为凹口截面。

为了保证预制梁和后浇部分之间的结合面有较好的黏结力，预制梁顶部应设置粗糙面，其面积不小于结合面的 80%。预制梁的端面应设置抗剪键槽（图 2-32），保证梁与节点区结合面的抗剪承载力，键槽的深度不宜小于 30mm，高度不宜小于深度的 3 倍且不宜大于深度的 10 倍，键槽的间距宜等于键槽高度。

抗震等级为一、二级的叠合框架梁的梁端箍筋加密区宜采用整体封闭箍筋[图 2-33(a)]，但采用整体封闭箍筋时，会引起梁顶纵筋穿插施工困难。也可采用组合封闭箍筋[图 2-33(b)]，即预埋开口箍加现场箍筋帽封闭。但组合封闭箍筋的抗震性能比整体封闭箍筋的略差。

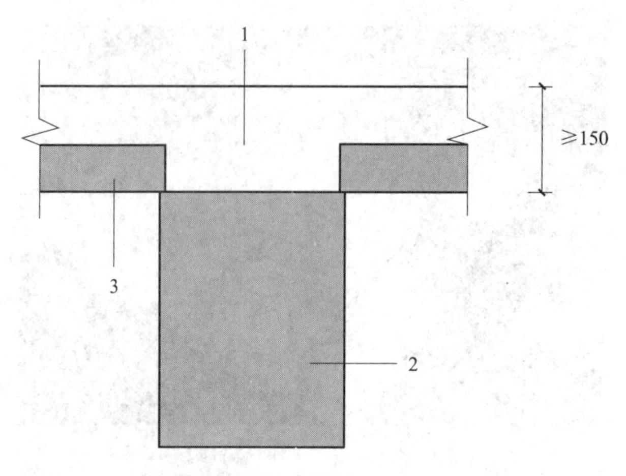

(a) 预制部分为矩形截面

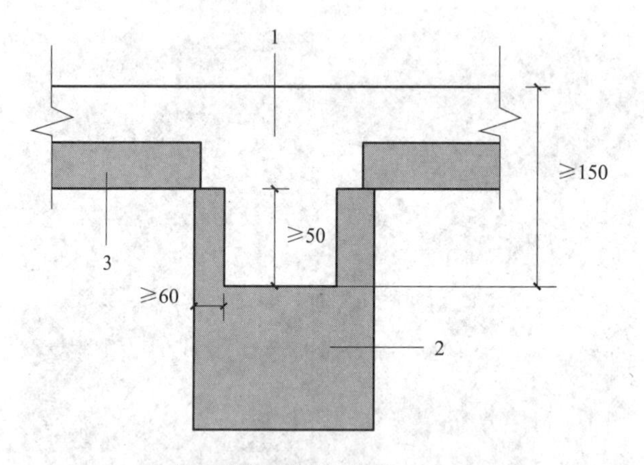

(b) 预制部分为凹口截面

图 2-30 叠合梁截面构造

1—叠合梁后浇层；2—叠合梁预制层；3—叠合板预制层

图 2-31 叠合梁截面形式

图 2-32 叠合梁梁端键槽

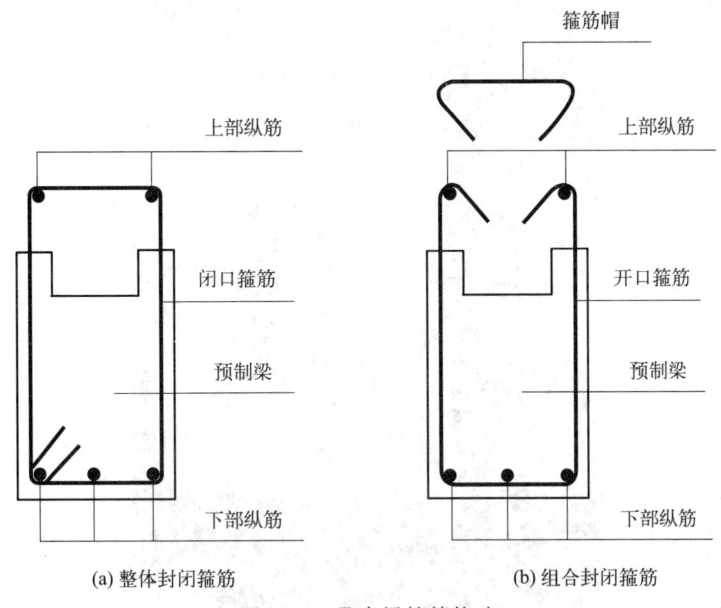

图 2-33　叠合梁箍筋构造

2.3.2.3　预制柱

预制柱应尽量采用较大的柱截面，矩形截面边长不宜小于 400mm，圆形截面直径不宜小于 450mm。预制柱的长度一般以单层层高为一节，如图 2-34，特殊情况下也可以多层层高为一节，如图 2-35。

图 2-34　单层预制柱

柱底接缝宜设置在楼面标高处，接缝厚度宜为 20mm，并采用灌浆料填实。柱顶应设置粗糙面，凹凸深度不小于 6mm，柱底应设置键槽（图 2-36），以提高受剪承载力，

图 2-35 多层预制柱

键槽深度不宜小于 30mm，斜面倾角不宜大于 30°。预制柱纵向钢筋应贯穿后浇节点区，上层柱的柱底预埋钢套筒，如图 2-37，下层柱的柱顶预留出筋，如图 2-38，在楼面处进行套筒灌浆连接，如图 2-39。

图 2-36 柱底键槽

为了避免装配整体式框架结构梁柱节点施工时出现梁柱钢筋打架问题，预制柱的纵向受力钢筋可集中于四角布置，如图 2-40。柱截面边长范围内设置纵向辅助钢筋，辅助钢筋直径不宜小于 12mm 且不宜小于箍筋直径。纵向辅助钢筋不需伸入框架节点，预制柱正截面承载力计算不计入纵向辅助钢筋的效应。

图 2-37　柱底预埋钢套筒

图 2-38　柱顶预留出筋

图 2-39　预制柱套筒灌浆连接

2.3.2.4　预制剪力墙

按照构造特点和安装工艺的不同，预制剪力墙分为全截面预制剪力墙、单面叠合剪力墙、双面叠合剪力墙和夹心保温预制剪力墙四种类型。

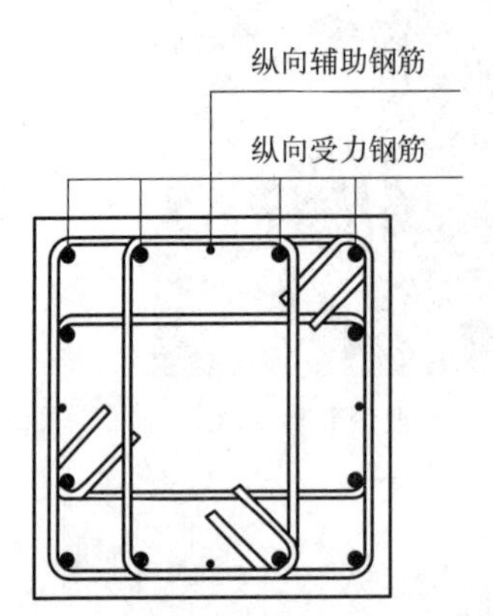

图 2-40 预制柱四角集中配筋构造

(1) 全截面预制剪力墙

全截面预制剪力墙是指构件沿墙体厚度方向全截面预制。预制剪力墙宜采用一字形，其高度一般不大于层高，如图 2-41。对于带有门窗洞口的剪力墙，如图 2-42，洞口宜布置在中间位置，洞口两侧的墙肢宽度不应小于 200mm，洞口上方连梁高度不宜小于 250mm。当开设洞口尺寸不大于 300mm 时，分布钢筋可绕过洞口；当开设洞口尺寸小于 800mm 时，沿洞口周边设置补强钢筋；当开设洞口尺寸大于 800mm 时，洞口两侧应设置暗柱，洞口上应设置连梁。

图 2-41 全截面预制剪力墙

图 2-42　带门窗洞口的剪力墙

全截面预制剪力墙内部设置水平分布钢筋和竖向分布钢筋。预制剪力墙墙顶预留出筋，墙底预埋钢套筒，上、下层墙体之间在水平接缝处采用套筒灌浆连接。预制剪力墙底部接缝宜设置在楼面标高处，接缝厚度宜为 20mm，并采用灌浆料填实。连接的竖向分布钢筋一般采用“梅花形”布置，钢筋的直径不应小于 12mm，同侧间距不应大于 600mm，如图 2-43。预制剪力墙两侧预留 U 形筋，同层预制墙板之间采用竖向后浇带连接，墙板侧面需要设置抗剪键槽，键槽深度不宜小于 20mm，间距不应大于 200mm。

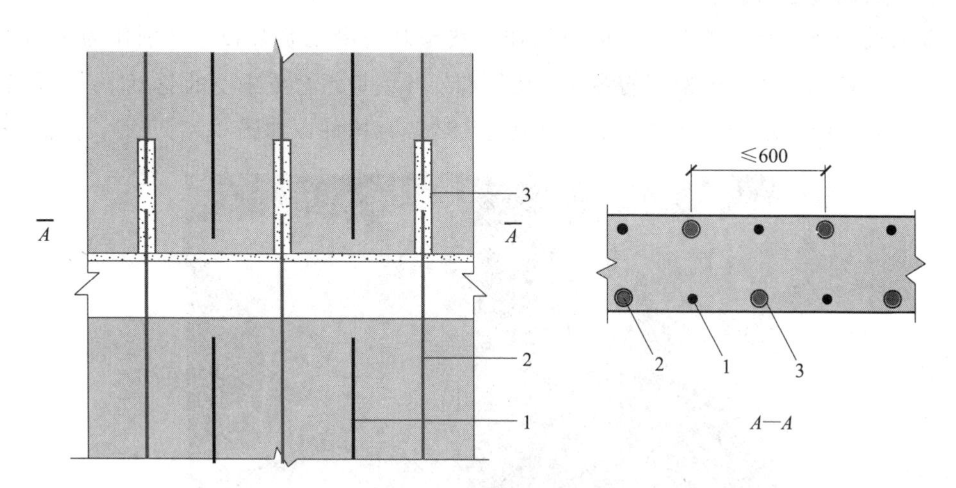

图 2-43　全截面预制剪力墙竖向连接构造

1—未连接的竖向分布钢筋；2—连接的竖向分布钢筋；3—灌浆套筒

(2) 单面叠合剪力墙

单面叠合剪力墙又被称为 PCF 板，是指采用桁架钢筋混凝土叠合板作为外围护剪力墙的外侧模板，现场吊装到位后，在内侧布置钢筋、支设模板和浇筑混凝土叠合层，从而形成完整的外墙体系。单面叠合剪力墙 PCF 板与内侧现浇叠合层之间通过粗糙面和桁架筋加强连接，如图 2-44。

图 2-44 单面叠合剪力墙

PCF 板的厚度一般为 60～70mm，板宽不大于 3.3m，板高不大于 6m，采用 L 形截面时，短边长度不宜大于 1m。PCF 板的应用有效解决了建筑外侧模板及支架搭设工作问题，提高了施工效率，同时有利于外墙抗渗。

(3) 双面叠合剪力墙

双面叠合剪力墙是指在工厂同时制作两块预制混凝土叠合板，分别作为剪力墙的内、外叶墙板，并通过桁架钢筋将内叶墙板和外叶墙板组合成中空的免模体系，吊装就位后，中间空腔在现场后浇混凝土而形成剪力墙叠合构件，如图 2-45。

图 2-45 双面叠合剪力墙

双面叠合剪力墙构件的四周在生产时不需要出筋，墙身分布钢筋在中间空腔内间接搭接，不需要现场套筒灌浆连接，简化了施工工艺。由于制作时墙板不出筋，有利于实现模板安装、钢筋网片上线的自动化生产。另外，中间空腔的构造减轻了构件的质量，有利于现场吊装。

双面叠合剪力墙的墙肢厚度不宜小于 200mm，单叶预制墙板厚度不宜小于 50mm，空腔净距不宜小于 100mm，空腔内宜浇筑自密实混凝土。预制墙板内、外叶内表面应设置粗糙面，粗糙面凹凸深度不应小于 4mm，提高预制双面叠合剪力墙的整体性。桁架钢筋宜竖向设置，单片预制叠合剪力墙墙肢不应小于 2 榀，钢筋桁架中心间距不宜大于 400mm，且不宜大于竖向分布筋间距的 2 倍。

(4) 夹心保温预制剪力墙

夹心保温预制剪力墙又称“三明治板”，由内叶墙板、保温层和外叶墙板通过连接件可靠连接而成，如图 2-46。预制混凝土夹心外墙板在国内外均有广泛的应用，具有结构、保温、装饰一体化的特点。

图 2-46　夹心保温预制剪力墙

外叶墙板用以保护中间的保温层，不参与结构受力，仅作为荷载，通过拉结件附加于内叶墙板上。内叶墙板等同于预制剪力墙，承担结构受力。外叶墙板厚度一般不宜小于 60mm，宜单层双向配筋。内叶墙板采用平板时厚度不宜小于 100mm，宜双层双向配筋；采用带肋板时厚度不宜小于 60mm，宜单层双向配筋。

(5) 外挂墙板

外挂墙板是指应用于外挂墙板系统中的非结构预制混凝土墙板构件，如图 2-47。外挂墙板的高度不宜大于一层高，厚度不宜小于 100mm，宜采用双层双向配筋。外挂墙板分为有窗洞和无窗洞两种形式，无窗洞时，周围宜设置一圈加强筋；有窗洞时，应在洞口周边、转角等部位配置加强钢筋，周边加强钢筋不应少于 2 根，直径不应小于 12mm。

图 2-47　外挂墙板

外挂墙板是通过连接件安装在主体结构上（图 2-48）的，连接件应当具有相对于主体结构的可滑动或可转动性能。当主体结构发生层间位移时，连接件应允许墙板不随之扭曲，有相对的“自由”，避免主体结构可能施加给墙板的作用力。

图 2-48　外挂墙板连接件

一般情况下，外挂墙板布置四个连接节点，即两个水平支座和两个重力支座。在外力作用下，外挂墙板相对于主体结构在墙板平面内应能水平滑动或转动。

2.3.2.5　预制楼梯

预制楼梯一般由休息平台、平台梁和梯段板组成。梯段板为预制混凝土构件（图 2-49），平台梁、板可采用现浇混凝土或叠合构件。梯段侧面应预留凹槽并预埋起吊吊环。预制梯段高低端分别预留一对销键预留洞，以保证与平台梁预埋螺栓的连接。

预制梯段板简支在梯梁挑耳上，高处端支承为固定铰支座连接，低处端支承为滑动铰支座连接，如图 2-50。预埋螺栓锚入梯梁挑耳，且末端设置锚固板。对于固定铰支座，梯段预留孔内用强度不小于 40MPa 的灌浆料填实；对于滑动铰支座，梯段预留孔内必须保留空腔。

图 2-49　预制楼梯梯段板

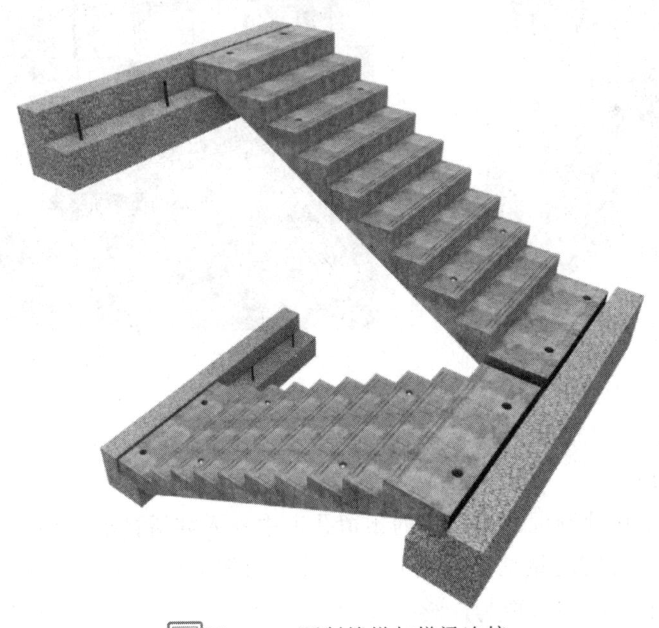

图 2-50　预制楼梯与梯梁连接

2.3.3　结构连接方式

预制构件之间以及预制构件与现浇混凝土之间的连接，是装配式结构中最关键的技术，也是结构整体性和受力安全的基本保障。

装配式混凝土结构的连接方式分为湿连接和干连接两大类。湿连接是后浇混凝土或水泥基浆料结合钢筋连接的一种方式，主要包括套筒灌浆连接、浆锚连接、后浇混凝土连接、叠合层连接、键槽和粗糙面等。干连接是指构件预埋件采用螺栓、焊接、销栓等方式进行连接。

(1) 套筒灌浆连接

套筒灌浆连接是指在预制混凝土构件中预埋的金属套筒中插入钢筋，并灌注由水泥、细骨料等组成的微膨胀高强度水泥基灌浆料，待灌浆料硬化后将套筒内壁与钢筋表面紧密结合在一起，从而实现钢筋连接的方式。

套筒灌浆连接是目前装配式混凝土结构中应用最广泛、技术最成熟的一种钢筋连接技术，主要适用于预制混凝土柱、预制混凝土剪力墙的竖向连接。以预制框架柱连接为例，上层预制柱的柱底预埋钢套筒（图 2-51），竖向受力筋插入套筒上半部分，下层预制柱的柱顶预留出筋，在安装时插入上层柱预埋套筒的下半部分，实现受力钢筋的一一对接。然后，通过套筒侧边的注浆口进行套筒灌浆，待出浆孔有浆液溢出时，完成灌浆，如图 2-52。

图 2-51 柱底预埋钢套筒

图 2-52 套筒压力灌浆

(2) 浆锚连接

浆锚连接是指在预制混凝土构件的预留孔道中插入需搭接的钢筋，并灌注微膨胀高强度水泥基灌浆料而实现钢筋搭接的连接方式，如图 2-53。成孔方式可采用金属波纹管和螺旋内膜，前者应用得更为广泛一些。

(3) 后浇混凝土连接

后浇混凝土是指预制构件在现场安装后，构件之间连接部位的现浇混凝土。后浇混凝土连接是装配整体式混凝土结构非常重要的连接方式，主要适用于：板-梁连接、叠合板整体式接缝连接、主-次梁后浇连接、梁-柱节点区连接、预制剪力墙横向连接等。后浇混凝土连接如图 2-54。

(4) 叠合层连接

叠合层连接主要是指叠合板、叠合梁等叠合构件在现场安装后，叠合上部后浇混凝土与下部预制层之间的连接，是形成结构整体性的重要连接方式。装配整体式结构中，叠合板和叠合梁的上部叠合层是整体浇筑混凝土，如图 2-55。

图 2-53　浆锚连接

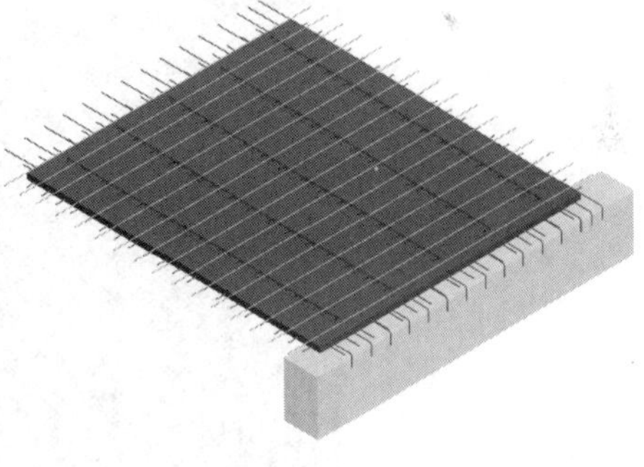

(a) 板-梁连接

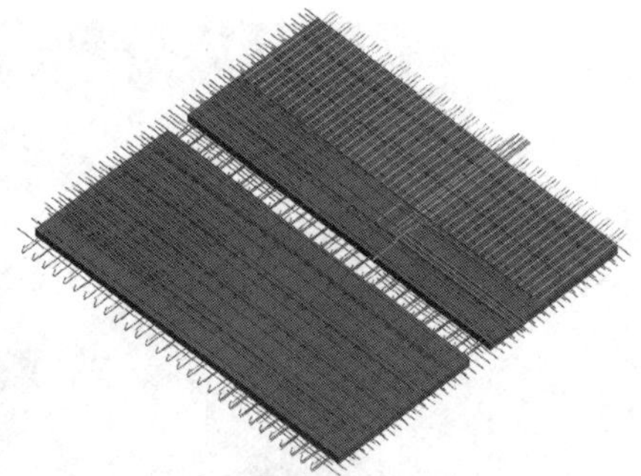

(b) 叠合板整体式接缝连接

图 2-54

(c) 主-次梁后浇连接

(d) 梁-柱节点区连接

(e) 预制剪力墙边缘构件后浇连接

(f) 预制剪力墙横向连接

图 2-54　后浇混凝土连接

图 2-55　梁板叠合层整体现浇

(5) 键槽和粗糙面

键槽是指通过凹凸形状的混凝土传递剪力的抗剪机构，在剪应力达到抗剪强度之前几乎不发生结合面滑移变形。粗糙面是指预制构件结合面上的凹凸不平或骨料显露的表面，保证预制层与后浇层之间有较好的黏结力。装配整体式结构中该连接构造主要包括：叠合板顶粗糙面（图 2-56）、叠合梁端面键槽（图 2-57）、预制柱端面键槽（图 2-58）、预制剪力墙侧边键槽（图 2-59）。

图 2-56　叠合板顶粗糙面

(6) 螺栓连接

螺栓连接是指用螺栓和预埋件将预制构件与主体结构进行连接。装配整体式结构中的预制梯段板（图 2-60）、外挂墙板（图 2-61）等非结构构件采用该连接方式。

图 2-57 叠合梁端面键槽

图 2-58 预制柱端面键槽

图 2-59 预制剪力墙侧边键槽

图2-60 预制梯段板螺栓连接

图2-61 外挂墙板螺栓连接

本章图库

思考题

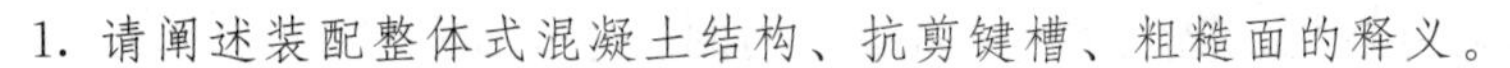

在线题库

1. 请阐述装配整体式混凝土结构、抗剪键槽、粗糙面的释义。
2. 请阐述预制叠合板的拆分原则。
3. 请阐述上、下层全截面预制剪力墙水平接缝的连接构造。
4. 叠合梁的箍筋形式包括哪些？请阐述其各自的特点和适用范围。
5. 请阐述上、下层预制柱水平接缝的连接构造。
6. 请阐述叠合板之间的连接构造特点。
7. 请阐述夹心保温外墙板的构造特点。
8. 请按照洞口的大小，阐述全截面预制剪力墙洞口范围的构造处理措施。
9. 请阐述单向叠合板与梁的连接构造。
10. 请阐述预制楼梯与梯梁之间采用滑动铰支座连接时的构造特点。

第3章
工业化建筑的生产组织与管理

3.1 建筑标准化

标准化是分工与协作的前提，是现代制造业与现代工业化的基础。同样，在装配式建筑等工业化建筑中，标准化是不可缺少的环节。没有标准化，就不可能实现建筑工业化。

建筑标准，一般是指在建筑设计与施工过程中所确立或依据的，有关建筑物的各个组成部分的尺度、模数以及所使用的材料与施工工艺的技术准则、规范与规则，即：建筑设计、施工与验收过程中的各种基本技术经济依据，相关定性与定量的指标体系。建筑标准是建筑物设计、施工的基本前提。在某一项目的建设施工的全过程中，标准体系应该始终保持一致性和完整性。

建筑标准化是指建筑相关企业之间关于各类建筑物、构筑物及其零部件、构配件、设备系统的设计、施工、材料使用与验收标准的技术协议与管理模式的统一化、协调化的过程。建筑标准化是建筑标准体系在一定范围内的统一化与协调化。通过建筑标准化，可以促使不同的建筑相关企业按照共同的标准，在同一座建筑物的建造过程中，进行建筑设计、零部件的生产、建筑施工，并最终“合成”一座完整的、具有特定使用功能与效果的建筑物。

建筑标准保证了建设过程有据可依，建筑的质量检验有章可循；而建筑标准化则有效消除了企业之间由于技术差异、标准差异所形成的技术壁垒，促使企业之间可以在更大的范围内展开协作。“标准化”的技术协议提供了企业之间交流的基本前提，使得不同的企业按照共同的标准实施相关工作，大大地减少了由于标准的差异导致的协作障碍。可以说，建筑标准化促进了建筑业市场化的发展，使建筑业可以在大范围内实施协作，进而促进建筑业向专业化、高质量与低成本方向的快速发展。

随着建筑工业化的发展与推进，建筑标准化的进程也将得到不断深化，从简单的模数、尺度等几何、物理层面的标准化，不断地向技术标准、设计标准、验收标准、工艺标准方面深化。随着信息技术的发展，建筑标准化体系也将不断形成自身的数字化的标准体系、数据格式的标准体系，甚至数字与信息平台标准体系，从而适应新技术革命的变革。

3.2 预制构件的标准化与模块化

建筑行业常把预制混凝土构件简称为预制构件，构件通过连接节点装配形成建筑的骨架，是实现各类建筑外形的构架基础。预制构件的标准化是实现建筑工业化的基础。

在建筑工业化背景下，对预制构件按照工业化产品进行标准化设计，实现规模化制造，才能提高生产效率，节约人工和材料消耗，降低成本。

工业产品的生产是从原材料加工开始的，将原材料加工成各种基础零件，再由基础零件组合成部件、部品，部件、部品再组合成模块，模块进而构架成系统，最终，系统再构成整体产品。但是在工业产品的生产过程中，最终产品生产者的工作流程一般不是从原材料加工开始的，而大多是通过模块的组装实现的——将标准化的模块按照特定产品的具体功能要求组装成系统，再将系统整合成最终的产品。

所谓模块，即产品中可以实现特定功能的、独立的组成部分。模块的基本特点包括：特定功能、独立性和可组合性。特定功能，意味着模块具备零件中所不存在的特定功能；独立性，指模块可以独立于整体产品、功能系统而存在，如计算机中的硬盘、内存一样，是可以独立存在、生产的单元；可组合性，指模块之间可以通过特定的规则，包括几何规则、物理规则、数据传递规则等联系起来，共同实现用户所需的特定功能，并最终组成整体产品。

预制构件模块化的出现，改变了建筑的设计模式、施工模式和产业组织模式，大大地改善原有工程建设流程组织的模式，促进建筑业以及相关产业发生重组，是建筑工业化发展的必然结果。

在一个建设项目中，标准化的单元或模块不会是单一的存在。一个承包企业在某一区域内同时建设的项目中，符合统一标准的单元或模块也会更多。将同一项目属于不同部位的和分属于不同项目的，且具有相同的标准化特征的单元或模块实施统一的加工，在制造业中，称之为成组技术。成组技术是现代制造系统的基础性技术之一，其核心是将属于不同最终产品对象的，但具有共同属性或特征的零部件、模块加以编组，统一制造，从而达到增加制造批量、提高效率、降低成本的基本目的。

3.3　标准化预制构件的设计及生产

3.3.1　标准化预制构件的设计

标准化预制构件的相关工作必须从设计过程开始，不只是进行钢筋混凝土构件的截面、强度及配筋计算，还要规定其安装、连接、构造要求等。实施设计标准化的策略选择主要包括：

(1) 相对标准化原理

尽管建筑物是不一样的，但也并非没有共同特征。同一地区的基本荷载指标体系相同，同类功能的建筑荷载相同，相同等级的建筑设防标准相同，这些共同特点使得同类建筑的差异度可以缩小到最小，可称之为同类建筑。同时，对于同类建筑，除了一些特殊的材料、设备或构造之外，大多数的预制构件是相同的。所以，针对同一地区、同一类别、同一标准、同类材料与设备的建筑，其设计标准化是完全可以实现的，即“相对标准化”。

（2）建筑工程相对标准化单元/模块的可实现性

对于建筑物四大基本组成部分，建筑装饰装修工程、设备系统工程已经基本实现了零部件的标准化，建筑结构系统的标准化则是全面实现建筑工程标准化过程中所要面对的主要问题，而在地基基础工程中，除了预制桩基础外，目前尚不具备实现标准化的技术基础。

3.3.2　标准化预制构件的生产

标准化的零部件、模块是可以脱离“母体”而存在的，即：其生产过程可以与具体项目没有任何关系，不从属于任何建筑物，可以独立实施；可以在满足基本功能要求与尺度匹配模数的前提下独自研发，实现自我完善与提升。在这一前提下，建筑零部件与构配件的生产体现出专业化、规模化、并行化、竞合化等特点，这点与制造业类似。

（1）标准化预制构件的生产专业化

标准化使得任何单一零部件均可以实现独立生产，供应商完全可以根据市场需求或自身的生产能力，专注于某一种零部件（而不是所有零部件）的研发与生产。这种基于标准化的生产过程将呈现出极度专业化的状态，甚至会出现仅生产一种零部件的供应商——这在制造业屡见不鲜，如专业的轴承生产商。单一化的生产以及相对固定的功能和标准化的模数尺度，会促进专业化生产厂家在相关产品研发上的有效投入，有助于产品质量的快速提高，在建筑业中也是一样。

（2）标准化预制构件的生产规模化

专业化、单一化的生产是相对简单的生产过程，流水线、工人、技术标准都不需要更换，更有利于迅速地扩大生产规模。规模效应是最为普遍的经济学原理之一：当产品的生产规模逐步扩大但不超出特定的规模时，其单位成本会逐步下降，随之而来的是产品的价格也会下降，并给企业及产品带来更加强劲的竞争力。

（3）标准化预制构件的生产并行化

生产并行化/并行制造（currency manufacturing）是指在标准化基础上，符合标准化需求的零部件与整机制造流程完全独立的生产过程。在传统意义上的制造业中，零部件是根据整机的需要而进行设计的，是在整机生产过程中，依赖于整机的制造进度而实施生产的。但是在实现标准化后，由于零部件、模块的功能是确定的，尺度是符合标准化模数的，因此可以完全实现独立化的生产，并在整机制造商需要的时候，通过市场采购过程实现供应。这种模式促进了独立的零部件生产厂家的出现，并与整机制造商形成了完整的产业链，可以共同存在于某一地区，更可以基于强大的运输业而实现全球化的采购与供应。

（4）标准化预制构件的生产竞合化

标准化促使零部件的生产独立化、专业化，并通过规模化实现了成本与价格的降低，有效地促进了市场的竞争。作为建筑主体结构总承包方，在供应商的选择策略上将变得十分简单——招标：总承包方预先设定相关零部件、构配件的基本技术标准与特殊要求，通过招标的方式，在市场中寻找质量最优、服务最好或价格最低的供应商。

3.4　预制构件生产的现场管理

3.4.1　现场管理概述

现场是事件或行动发生的地点。广义而言，现场是指开发、生产和销售活动发生的场所；狭义而言，现场是指为顾客制造产品或提供服务的地方。本节中，现场采用狭义的定义。

丰田公司有句名言：优质的产品来自清洁整齐的现场。现场物品堆积如山，叉车东闯西奔，谁会相信这是一个安全的现场？现场废物随手丢弃，灰尘随处可见，谁会相信这个现场生产出来的产品是高质量的产品？这个组织的管理也很难让人相信是高效率的管理。

现场是由人、机、物、环境、信息、制度等各生产要素和管理目标要素构成的，是一个动态系统。在企业中，能满足顾客附加价值要求的活动都发生在现场。现场的清洁整齐只是一个方面，更重要的是看深层次的 P（生产率）、Q（质量）、C（成本）、D（交付）、S（安全）。从设备的开动情况、人员的作业状态等现场工作状态来判断生产率；从现场的物流状态、标准化实施的状态、人员的动作水平，来判断生产质量；从计划的实施率、现场的在制品、仓库的库存等，来判断生产的成本。

预制构件生产现场管理是指运用科学的管理手段，对生产预制构件现场的要素和管理目标要素进行设计和综合治理，达到全方位的配置优化，创造一个整洁有序、环境优美的场所，使人心情舒畅，操作得心应手，达到提高生产率、提高产品质量、降低成本、增加经济效益的目的。

（1）预制构件生产现场管理的内容与方法

影响企业生产率、产品质量、成本和安全的问题，归纳为如下方面：

① 浪费严重。企业各部门各自为政、办事效率低下、管理方式落后、不能解决实际问题等一系列不增值的生产或活动，都是造成浪费的根源。在制造过程中的浪费，可以归结为 7 种，见表 3-1。

表 3-1　浪费的种类及原因

序号	浪费的种类	原因 1	原因 2
1	过量生产	按计划生产	按固定批量生产
2	等待	安排作业不当、停工待料、品质不良	机器维修、管理部门处理问题不及时
3	搬运	生产现场中布局不合理	物品（原材料/零部件/在制品/成品等）出现不必要的放置、堆积、移动以及整理动作等
4	加工	加工程序不合理	次品返工等
5	动作	动作设计不合理	作业中动作多余

续表

序号	浪费的种类	原因 1	原因 2
6	库存、仓储	市场的需求信息不准确	过量采购、生产
7	产品质量	检验不严、操作无标准	技术水平低劣、品质不良

② 秩序混乱。体现为：工作无计划，操作无标准，职责不明，规章制度不执行，供应不及时，生产不均衡，安全、质量事故频繁。

③ 环境脏、乱、差。体现为：设备布局、作业路线不合理，物料、半成品、杂物、工具等乱堆乱放，现场油污遍地，作业面狭窄，通道堵塞，环境条件差。

现场管理就是要不断解决现场存在的问题，消除一切不利因素，消除各种浪费，使现场处于“受控”状态。

(2) 预制构件生产现场管理活动应遵循的原则与步骤

优秀的现场管理，是在遵循了系统原则，权变原则，责、权、利统一原则，规范化、标准化、优化原则等的基础上，靠科学方法打造出来的。

预制构件生产现场管理应遵循的步骤：PDCA 循环。“PDCA”是指计划 P（plan）、行动 D（do）、检查 C（check）和调整 A（adjust）。实施管理的过程，实际上就是一个又一个“PDCA”循环的过程。通过这一基本流程和方法实现现场的持续改善，如图 3-1 所示。

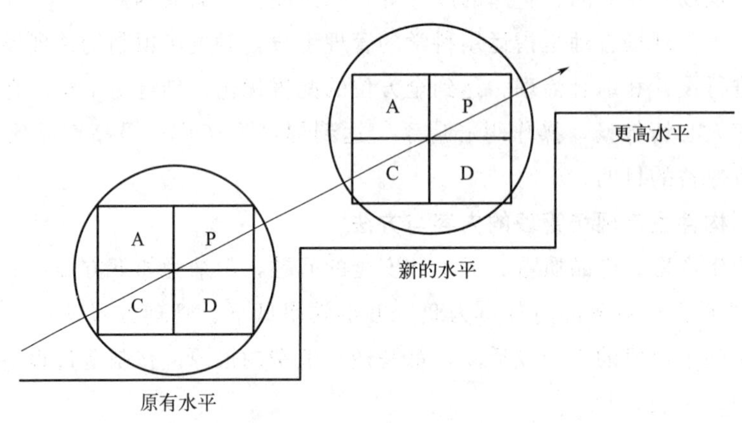

图 3-1 PDCA 循环

(3) 预制构件生产现场管理方法

在对预制构件生产现场进行管理时，其核心技术是“物流分析研究”，采用的分析技术有传统工业工程中的“工作研究”和以计算机、信息处理技术为支撑的现代工业工程分析技术。

目前，在现场管理实践活动中涌现出的“程序分析”“作业分析”“动作分析”“5S 管理”“目视管理”“定置管理”“工厂设计”“工作台布置”“人因工效”“生产计划与控制”“成本控制”等许多行之有效的现场管理方法和技术，正为企业创造着可观的经济效益。

3.4.2　“5S”管理

3.4.2.1　“5S”的含义

“5S”管理源于日本企业广泛采用的现场管理方法，它通过开展以整理、整顿、清扫、清洁和素养为内容的活动，对生产现场中的生产要素进行有效管理。“S”是上述五个词日语发音的第一个字母，故称为“5S”，其含义见表 3-2。“5S”管理可以提高工作效率、保证产品质量、消除浪费、保障安全。

表 3-2　“5S”含义

活动	日文发音	含义	举例
整理	seiri	区分必要与不必要的物品，清除不必要的物品	倒掉垃圾，长期不用的东西放仓库
整顿	seiton	给必要的物品有序安置，易于寻找、取用和归还	30s 内就可找到要找的东西
清扫	seiso	清扫工作场所，擦拭设备，保持现场清洁、明亮	谁使用谁负责清扫(管理)
清洁	seiketsu	制订各项标准化的规章制度，以维持以上 3 个步骤	环境保持整洁
素养	shitsuke	遵守规范，养成良好的习惯，提升自我管理能力	严守标准，团队精神

3.4.2.2　“5S”管理的内容

“5S”活动的目标是为企业员工创造一个干净、整洁、舒适、合理的工作环境，将一切浪费降到最低，最大限度提高工作效率和员工士气，提高产品质量，降低成本，并提升企业形象和竞争力。

(1) 整理

整理是指区分必需品和非必需品。现场不需要的东西坚决清除，做到生产现场无不用之物。生产过程中产生的一些切屑、边角废料、报废品以及生产现场存在一些暂时不用或无法使用的工装、夹具、量具、机器设备等，如果不及时清除，会使现场凌乱不堪，滞留在现场既占地方又妨碍生产，使宽敞的工作场所变得狭小；货架、工具箱等被杂物占据而减少使用价值，增加了寻找工具、物品的时间；物品摆放杂乱无章还会造成物品的误用、误送，增加盘点的困难，造成浪费、产生损失。

对于整理，要制订“要”与“不要”的判别标准，制订各类物品的处理方法，注重物品现在的使用价值，而不是物品购买时的价值。

(2) 整顿

整顿是指把必要的物品分门别类定位放置，摆放整齐，使用时可随时找到，减少寻找时间。整顿是对整理后需要的东西的整理，对需要的东西定位摆放，做到用时能立即取到，用后能立即放回；做到过目知数，用完的物品归还原位；工装、夹具、量具按类别、规格摆放整齐。整顿是提高效率的基础，整顿的目的是减少无效的劳动，减少无用的库存物资，节约物品取放的时间以提高工效。

若工作现场使用的零件和材料有相似的，为了避免混淆，在整顿时，可以对不同场所使用的物品用不同的颜色进行区分，在放置场所的标识牌上，要标明放置物品的形状，使人很容易知道这里放置的是什么。在生产现场将工装、夹具、量具、物料、半成品等物品的存放位置固定，明确放置方法并予以标识，消除因寻找物品而浪费的时间。

(3) 清扫

清扫是指清除工作现场的灰尘、油污和垃圾，使机器设备以及工装夹具保持清洁，保证生产或工作现场干净整洁、无灰尘、无垃圾。“污秽的机器只能生产出污秽的产品”，现场的油垢、废品可能降低生产率，也可能使生产的产品不合格，甚至引发意外事故。

清扫时每个人都应把自己的东西清扫干净，不要单靠清洁工来完成。清扫的对象包括工作台、机器设备、工具、工具架、测量用具、地板、顶棚、墙壁等。

对现场进行清扫，目的是使生产时弄脏的现场恢复干净，减少灰尘、油污等对产品质量的影响，减少意外事故的发生，使操作者在干净、整洁的作业场所愉快地工作。

(4) 清洁

清洁是对上述整理、整顿、清扫的坚持与深入，并进行制度化、规范化。清洁要做到“三不”，即不制造脏乱，不扩散脏乱，不恢复脏乱。清洁的目的是维持前面“3S”的成果。清洁的基本要求和方法，可以归纳为：

① 明确清洁的目标。整理、整顿、清扫的最终结果是形成清洁的作业环境。动员全体员工参加是非常重要的，所有的人都要清楚应该干些什么，在此基础上将员工都认可的各项应做的工作和应保持的状态汇集成文，形成专门的手册。

② 确定清洁的状态标准。清洁的状态标准包含三个要素，即“干净”“高效”“安全”，只有制订了清洁状态标准，进行清洁检查时才有据可依。

③ 充分利用色彩的变化。厂房、车间、设备、工作服都采用明亮的色彩，一旦产生污渍，就很显眼，容易被发现。同时，员工工作的环境也变得生动活泼，工作时心情舒畅。

④ 定期检查并制度化。要保持作业现场的干净整洁、作业的高效率，为此，不仅要在日常的工作中检查，还要定期地进行检查。企业要根据自身的实际情况制订相应的清洁检查表，检查的内容包括：场所的清洁度，现场的图表和标识牌设置位置是否合适，提示的内容是否合适，安置的位置和方法是否有利于现场高效率运作，现场的物品数量是否合适，有没有不需要的物品等。

(5) 素养

素养是指培养现场作业人员遵守现场规章制度的习惯和作风。素养是“5S”活动的核心，是决定“5S”活动能否产生效果的关键。没有人员素养的提高，“5S”活动就不能顺利开展，即使开展了也不能坚持。素养是保证前“4S”持续、自觉、有序、有效开展的前提，是使“5S”活动顺利开展并坚持下去的关键。

培养、提高“素养”，一是要经常进行整理、整顿、清扫以保持清洁的状态；二是要自觉养成良好的习惯，遵守工厂的规则和礼仪规定，进而延伸到仪表美、行为美等。

整理、整顿、清扫、清洁的对象是场地、物品，素养的对象则是人，而人是企业最重要的资源。在“5S”活动中，员工对整理、整顿、清扫、清洁、素养进行学习的目的不仅是希望他们将东西摆好，设备擦干净，最主要的是通过潜移默化，使员工养成良好的习惯，进而能依照规定的各种规章制度，按照标准化作业规程来行动，变成一个有高尚情操、有道德修养的优秀员工，整个企业的环境面貌也将随之改观。

整理、整顿、清扫、清洁、素养这五个“S”并不是各自独立的，而是彼此之间相辅相成、缺一不可的。“5S”管理始终着眼于提高人员的素养，最终目的在于教育和培育人。“5S”管理的核心和精髓是素养，如果没有职工队伍素养的相应提高，“5S”活动就难以开展和坚持下去。

(6)“5S”活动的延伸

有的企业在“5S”基础上，增加了安全 S（safety），形成“6S”。这里，安全 S 主要是指贯彻“安全第一、预防为主”的方针，在生产中必须确保遵照标准作业、具备预知危险和防范危险的能力，确保人身、设备、设施安全，严守国家机密。

有的企业又增加了节约（save），形成了“7S”；也有的企业加上习惯化 S（shiukanka）、服务 S（service）及坚持 S（shikoku），形成了“10S”。

3.4.3 定置管理

3.4.3.1 定置管理概述

定置管理是“5S”活动中“整理”“整顿”针对实际状态的深入与细化。定置管理是主要研究生产要素中人、物、场所三者之间的关系，使之达到最佳结合状态的一种科学管理方法。定置管理以物在场所中的科学定置为前提，以完善的信息系统为媒介，以实际人和物的有效结合为目的，使生产现场管理科学化、规范化和标准化，从而优化企业物流系统，改善现场管理，建立起现场的文明秩序，使企业实现人尽其力、物尽其用、时尽其效，以达到高效、优质、安全的生产效果。

定置管理可以使原材料、零部件、工装、夹具和量具等现场物品按动作经济原则摆放，防止混杂、碰伤、挤压变形，以保证产品质量，提高作业效率；可使生产要素优化组合，使员工进一步养成文明生产的好习惯，形成遵守纪律的好风气，自觉地不断改善工作场所的环境，使生产规范有序。

3.4.3.2 定置管理的内容

定置管理的核心内容是强调物品的科学、合理摆放，依次进入每一道工序，使整个操作流程规范化，使各道工序之间秩序井然，不致延误、阻碍下一道工序的操作。

(1) 人与物结合的基本状态

定置管理要在生产现场实现人、物、场所三者最佳结合，要由作业人员在现场对物进行整理、整顿。按人与物有效结合的程度，可将人与物的结合归纳为 A、B、C 三类基本状态。

① A 类状态。人与物处于立即结合的状态，即：将经常使用的、直接影响生产效

率的物品放置于作业者附近（若合理，就可以固定），当作业者需要时能立即拿到。

② B类状态。人与物处于待结合状态，表现为人与物处于寻找状态或尚不能很好地发挥效能的状态。

③ C类状态。人与物已失去结合的意义，与生产无关，对于这类物品应尽量把它从生产区或生产车间撤走。

(2) 信息媒介在定置管理中的功用

信息媒介是指在人与物、物与场所合理结合过程中起指导、控制和确认等作用的信息载体。随着信息技术的迅猛发展，信息媒介越来越多地影响着定置管理。生产中使用的物品品种多、规格杂，这些物品不可能都放置在操作者的手边，若要找到各种物品，需要有一定的信息来指引；物品流动时的流向和数量要有信息来指导和控制；为了便于寻找和避免混放物品，也需要有信息来确认。在定置管理中，完善而准确的信息媒介是很重要的，它影响到人、物、场所的有效结合程度。人与物的结合，有以下五种信息媒介物：

① 物品的位置台账。它表明“该物在何处”。通过查看位置台账，可以了解所需物品的存放场所。

② 定置管理图。它表明“该处在哪里”。在定置图上可以看到物品存放场所的具体位置。

③ 场所标识。它表明“这就是该处”。它是指物品存放场所的标识，通常用名称、图示、编号等表示，见图 3-2。

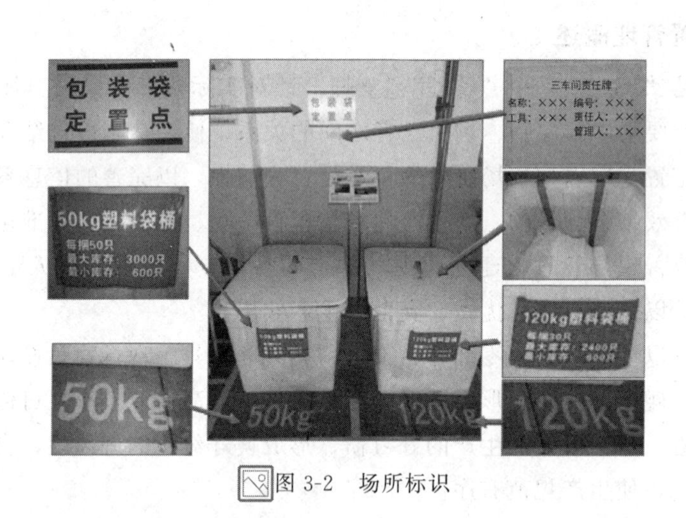

图 3-2 场所标识

④ 现货标识。它表明“此物即该物”。它是物品的自我标示，一般用各种标牌表示，标牌上有货物本身的名称及有关事项。图 3-3 所示为库存标识卡，标有货物及库存信息。

⑤ 形迹管理。它表明“此处放该物”。形迹管理就是把工具等物品的轮廓画出来，让嵌上去的形状来做定位标识，让人一看就明白如何归位的管理方法。图 3-4 所示工具柜，柜中刻出工具形状的凹槽，可以让人清楚地知道工具的摆放位置，对工具的清点也一目了然。

图 3-3　库存标识卡

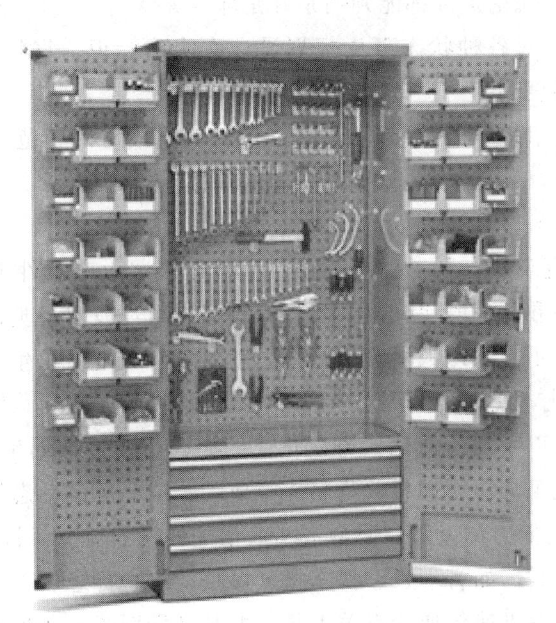

图 3-4　工具柜

对现场信息媒介的要求是：场所标识清楚；场所设有定置图；物品台账齐全；存放物品的序号、编号齐备；信息标准化，每个区域所放物品有标牌显示。

3.4.4　目视管理

3.4.4.1　目视管理概述

(1) 目视管理的含义

目视管理是一种以公开化和视觉显示为特征的管理方式。它是利用形象直观、色彩适宜的各种视觉感知信息（如图表看板、区域划分、信号灯、标识等），将管理者的要求和意图让大家都看得见，打造“傻瓜”现场，以实现员工的自主管理、自我控制，提高劳动生产率的一种管理方式。

目视管理在日常生活中得到广泛应用。如：交通信号灯，红灯停、绿灯行；包装箱上的酒杯标志，表示货物要小心轻放；空调排气口上绑一根小布条，通过观察布条的飘动可知空调的运行状态。

在预制构件生产现场，通过将工作中发生的问题、浪费及管理目标等状态进行可视化描述，使生产过程正常与否“一目了然”。当现场发生了异常问题，操作人员便可以迅速采取对策，防止错误，将事故的损失降到最低程度。目视管理方式可以贯穿于各个管理领域中。

（2）目视管理的目的

目视管理对所管理项目的基本要求是统一、简明、醒目、实用、严格，要把握“三要点”：

① 状态透明化。无论是谁都能判明是好是坏（异常），一目了然。

② 状态视觉化。对各种状态事先规划设计有明确标识。将状态正常与否视觉化，能帮助迅速判断，精度高。

③ 状态定量化。对不同的状态加入了计量的功能或可确定范围，判断结果不会因人而异。

通过实施目视管理，可达到以下目的：

① 使管理形象直观，有利于提高工作效率。在机器生产条件下，生产系统高速运转，要求信息的传递和处理既快又准。目视管理通过可以发出视觉信号的工具，使信息迅速而准确地传递，不需管理人员现场指挥，就可以有效地组织生产。

② 使管理透明化，便于现场人员互相监督，发挥激励作用。实行目视管理，对生产作业的各种要求可以做到公开化、可视化。例如，企业按计划生产时，可利用标识、看板、表单等可视化工具，管理相关物料、半成品、成品等的动态信息。

③ 延伸管理者的能力和范围，降低成本，增加经济效益。目视管理通过生动活泼、颜色鲜艳的目视化工具，如管理板、揭示板、海报、安全标志、警示牌等，将生产现场的信息和管理者的意图迅速传递给有关人员。尤其是借助了一些目视化的机电信号、灯光等，可使一些隐性浪费的状态变为显性状态，使异常造成的损失降到最低。

④ 有利于产生良好的生理和心理效应。通过综合运用管理学、生理学、心理学和社会学等多学科的研究成果，科学地改善与现场人员视觉感知有关的各种环境因素，调动并保护员工的积极性，从而降低差错率、减少事故的发生。

（3）目视管理的内容

目视管理所涉及的事项，归纳起来有以下七个方面：①生产任务与完成情况的图表化和公开化；②规章制度、工作标准和时间标准的公开化；③与定置管理相结合，实现清晰、标准化的视觉显示信息；④生产作业控制手段的形象直观与使用方便化；⑤物品（工装夹具、计量仪器、设备的备件、原材料、毛坯、在制品、产成品等）的码放和运送的数量标准化，以便过目知数；⑥现场人员着装的统一化，实行挂牌制度；⑦现场的各种色彩运用要实现标准化管理。

目视管理有三个层次，即初级、中级、高级。在图 3-5 中，图（a）对应液体数量目视管理的初级水平，通过安装透明管，液体体积一目了然；图（b）明确了液体数量的上、下限，投入范围，管理范围，使液体数量正常与否一目了然，是目视管理的中级水平；图（c）管理范围、现状一目了然，异常处置方法明确，异常管理实现了自动化，属于目视管理的高级层次。

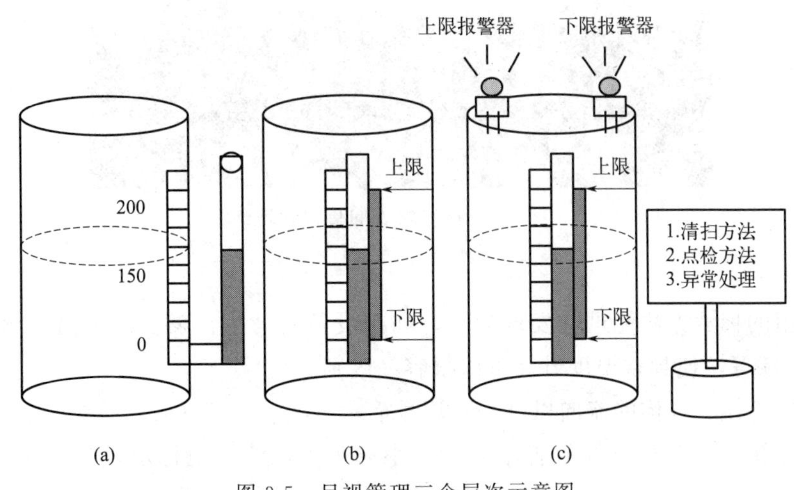

图 3-5 目视管理三个层次示意图

3.4.4.2 目视管理的方法

（1）看板管理

看板管理就是利用看板进行现场管理和作业控制的方式。看板的管理功能体现在两个方面：一方面，它是生产以及运送的指令；另一方面，看板可以作为明确生产优先次序的工具。采用看板管理，每一种工序都按照生产看板上所显示的内容生产，按照运送看板上的数量进行运送。没有看板便不能生产，也不能运送，从而防止了过量生产与过量运送。看板是准时制生产（JIT）的核心，通过看板来指挥生产现场，最终实现 JIT 的目标。

目视管理中的“物品管理”，经常用到看板管理。在物品放置场所附近设置看板，可以了解物品目前的状况是否正常。

（2）设备管理

目视管理中的“设备管理”以能够正确、高效率地实施清扫、点检、加油、紧固等日常保养工作为目的，让操作员容易点检、容易发现异常，通过目视化标识、文字、图表，使所有人员对同样的状态有同样的判断，能立即了解状态正常与否，加强对设备的管理。

在日常的设备维护中，应采取以下一些措施进行设备管理：

① 仪器仪表的标示：绿色表示正常，黄色表示警告，红色表示危险，见图 3-6。

② 用颜色清楚地表示出应该进行维护保养的机能部位，如对管道、阀门的颜色区别管理。

图 3-6 仪器仪表的目视管理

③ 使用的标示方法能迅速发现异常，如在设备的马达、泵上使用温度感应标贴或温度感应油漆等，使异常温度升高可以很容易区别。

④ 管内液体、气体的流向以“⇒”记号标示。

⑤ 在运转的设备相应处放置小飘带、小风车等，清楚地标示设备是否正常供给、运转。

⑥ 用文字符号标示油位等。

注油点标示目视管理如图 3-7 所示。

图 3-7 注油点标示目视管理

(3) 安全管理

目视管理中的“安全管理”是要将危险的事、物显露化，刺激人的视觉，唤醒人们的安全意识，防止事故、灾难的发生。在生产中发生的事故，大部分是由人为的疏忽造成的，因此，如何防止、预防疏忽的产生，是目视管理的重点。目视安全管理通常使用有一定含义的色彩，来警示作业人员，防止灾害的发生，一般作如下考虑：①使用油漆或荧光色，刺激视觉，提醒标示有高差、凸起之处，如图 3-8 所示。②车间、仓库内的交叉之处，设置临时停止图案。③危险物的保管、使用严格按照法律规定实施，按照法律的有关规定醒目地展示出来。④设备的紧急停止按钮设置在容易触及的地方，且有醒目标识。

图 3-8　楼梯台阶的目视管理

本章图库

思考题

在线题库

1. 建设“标准”与“标准化”之间的关系是什么？
2. 为什么说建设标准是标准化不可缺少的前提条件？
3. 预制构件生产现场管理过程中，存在的浪费可以总结为哪七种？
4. 5S 管理的主要内容包括哪些？其核心是什么？
5. 在生产现场实施 5S 管理的意义是什么？
6. 在学习、生活、工作中，目视管理和定置管理有哪些应用场景？
7. 请思考目视管理、定置管理和 5S 管理之间的关系。

第4章 建筑工业化的施工

4.1 建筑工业化的施工技术

4.1.1 吊装机械及辅助设备

(1) 起重吊装机械

装配式混凝土工程应根据作业条件和要求，合理选择起重吊装机械。常用的起重吊装机械有塔式起重机、汽车起重机和履带式起重机。

① 塔式起重机。塔式起重机简称塔机、塔吊，是通过装设在塔身上的动臂旋转，动臂上小车沿动臂行走从而实现起吊作业的起重设备（图4-1）。塔式起重机具有起重能力强、作业范围大等特点，广泛应用于建筑工程中。

图4-1 塔式起重机

建筑工程中，塔式起重机按架设方式分为固定式、附着式、内爬式。其中，附着式塔式起重机是塔身沿竖向每间隔一段距离用锚固装置与近旁建筑物可靠连接的塔式起重机，目前高层建筑施工多采用附着式塔式起重机。对于装配式建筑，当采用附着式塔式起重机时，必须提前考虑附着锚固点的位置。附着锚固点应该选择在剪力墙边缘构件后浇混凝土部位，并考虑加强措施。

② 汽车起重机。汽车起重机简称汽车吊，是装在普通汽车底盘或特制汽车底盘上的一种起重机，其行驶驾驶室与起重操纵室分开设置（图 4-2）。这种起重机机动性好，转移迅速。在装配式混凝土工程中，汽车起重机主要用于低、多层建筑吊装作业，现场构件二次倒运，塔式起重机或履带吊的安装与拆卸等。使用时应注意，汽车起重机不得负荷行驶，不可在松软或泥泞的场地上工作，工作时必须伸出支腿并支稳。

图 4-2　汽车起重机

③ 履带式起重机。履带式起重机是将起重作业部分装在履带底盘上，行走依靠履带装置的流动式起重机（图 4-3）。履带式起重机操作灵活、使用方便，起重臂可分节

图 4-3　履带式起重机

接长、机身可360°回转，在平坦坚实的道路上可负重行走，换装工作装置后可成为挖土机或打桩机使用，是一种多功能、移动式吊装机械。缺点：一是行走速度慢，对路面破坏大，长距离转移需用平板拖车运输；二是稳定性较差，未经验算不得超负荷吊装。在装配式混凝土建筑工程中，履带式起重机主要用于大型预制构件的装卸和吊装、大型塔式起重机的安装与拆卸以及塔式起重机吊装死角的吊装作业等。

履带式起重机有以下关于安全的规定：

a. 起重吊钩中心与臂架顶部定滑轮之间的最小安全距离一般为2.5～3.5m；

b. 起重机工作时的地面允许最大坡度不应超过30°；

c. 起重臂杆的最大仰角一般不得超过78°；

d. 起重机不宜同时进行起重和旋转操作，也不宜边起重边改变起重臂的幅度；

e. 起重机如须负载行走，荷载不得超过允许起重量的70%；

f. 起重机在松软土壤上工作时，应采用枕木或路基箱垫好道路；

g. 起重机在进行超负荷吊装或接长臂杆时，需进行稳定性验算，不满足验算时可考虑增加平衡配重、设置临时性缆风绳等措施加强起重机的稳定性。

(2) 横吊梁

横吊梁俗称铁扁担、扁担梁，常用于梁、柱、墙板、叠合板等构件的吊装。用横吊梁吊运部品构件时，可以使各吊点垂直受力，防止因起吊受力不均而对构件造成破坏，便于构件的安装、校正。常用的横吊梁有框架式吊梁、单根吊梁（图4-4）。

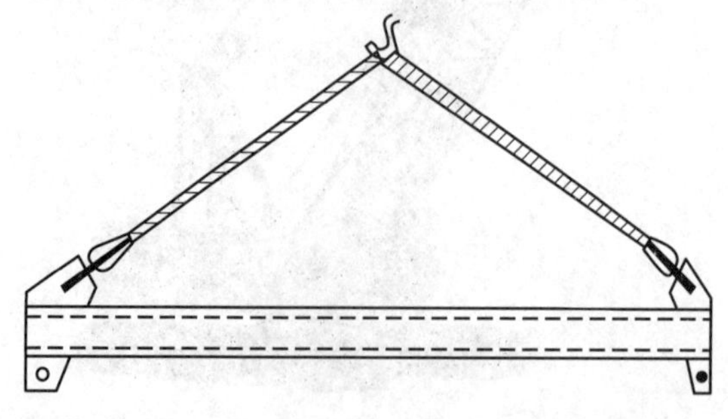

图4-4 横吊梁

(3) 吊索

吊索是用钢丝绳或合成纤维等原料做成的用于吊装的绳索，用于连接起重机吊钩和被吊装设备（图 4-5）。

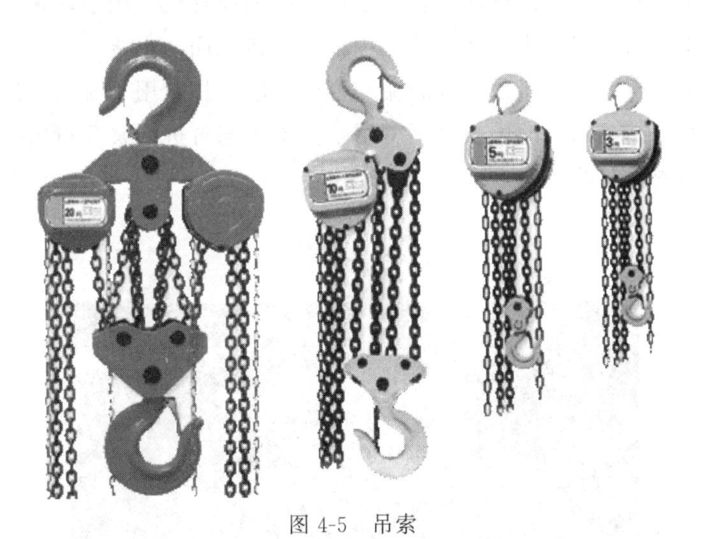

图 4-5　吊索

吊装作业的吊索选择应经设计计算确定，保证作业时其所受拉力在其允许负荷范围内。如采用多吊索起吊同一构件，必须选择同类型吊索。应定期对吊索进行检查和保养，严禁使用不合质量或规格要求以及有损伤的吊索进行起吊作业。

(4) 翻板机

翻板机是实现预制构件（多为墙板构件）多角度翻转，使其达到设计吊装角度的机械设备，是装配式混凝土建筑安装施工中重要的辅助设备（图 4-6）。

图 4-6　翻板机吊装

4.1.2 灌浆设备与用具

灌浆设备主要有：用于搅拌注浆料的手持式电钻搅拌机，用于计量水和注浆料的电子秤和量杯，用于向墙体注浆的注浆器，用于湿润接触面的水枪。

灌浆用具主要有：用于盛水、试验流动度样品的量杯，用于流动度试验的坍落度筒和平板，用于盛水、注浆料的大小水桶，用于把木头塞打进注浆孔封堵的铁锤，以及小铁锹、剪刀、扫帚等。灌浆作业准备、灌浆作业如图 4-7、图 4-8 所示。

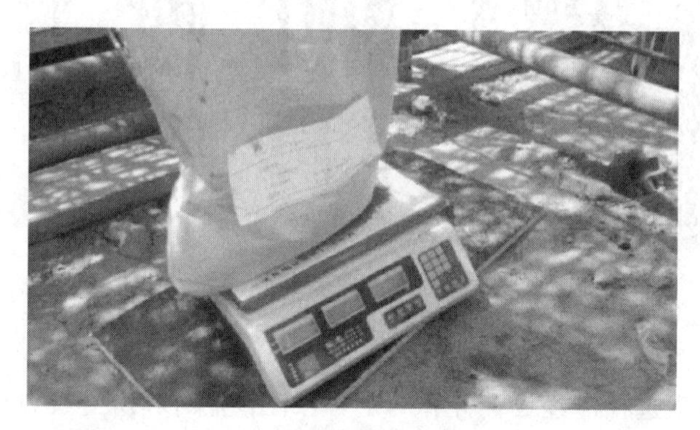

(a) 计量器具准备

(b) 灌浆工具准备

(c) 电钻式搅拌机

(d) 现场作业交底

图 4-7　灌浆作业准备

(a) 装入灌浆料

(b) 连续灌浆作业

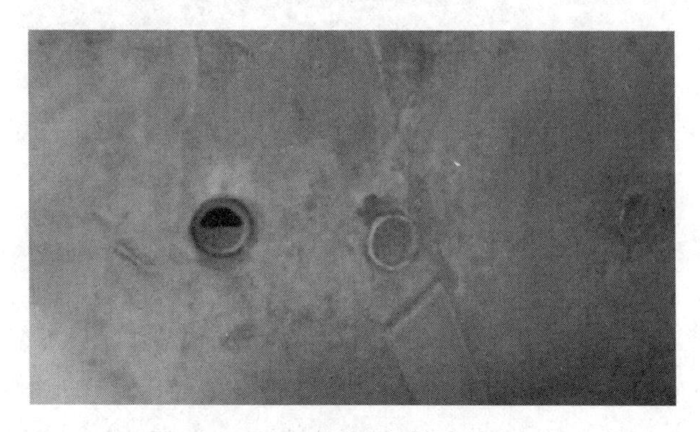

(c) 灌浆完成效果

图 4-8

(d) 灌浆密实度检验

图 4-8 灌浆作业

为保证预制构件套筒与主体结构预留钢筋位置协调、构件安装能够顺利进行，施工单位常采用钢筋定位校验件预先检验。其做法是预先在校验件上生成与预制构件上灌浆套筒同尺寸、同位置关系的孔洞，然后将校验件在主体结构预留钢筋上试套，如能顺利套下则证明预制构件顺利安装（图 4-9）。

图 4-9 钢筋定位校验件

4.1.3 临时支撑系统

装配式混凝土工程施工过程中，当预制构件或整个结构自身不能承受施工荷载时，需要通过设置临时支撑来保证施工定位、施工安全及工程质量。预制构件临时支撑系统是指预制构件安装时起到临时固定和垂直度（或标高空间位置）调整作用的支撑体系（图 4-10）。根据被安置的预制构件的受力形式和形状，临时支撑系统可分为斜撑系统和竖向支撑系统。

斜撑系统是由撑杆、垂直度调整装置、锁定装置和预埋固定装置等组成的，用于竖向构件安装的临时支撑体系。主要功能是将预制柱和预制墙板等竖向构件吊装就位后起到临时固定的作用，并通过设置斜撑上的调节装置对垂直度进行微调。

竖向支撑系统是单榀支撑架沿预制构件长度方向均匀布置构成的，用于水平方向构件安装的临时支撑系统。主要功能是在预制主次梁和预制楼板等水平承载构件吊装就位后起到垂直荷载的临时支撑作用，并通过标高调节装置对标高进行微调。竖向支撑系统的应用技术与传统现浇结构施工中梁板模板支撑系统相近。

本节主要讲述斜撑系统的技术要求。

图4-10 临时支撑系统

(1) 一般规定

① 临时支撑系统应根据其施工荷载进行专项的设计和承载力及稳定性的验算，以确保施工期间结构的安装质量和安全。

② 临时支撑系统应根据预制构件的种类和重量尽可能做到标准化、重复利用和拆装方便。

(2) 斜撑支设要求

对于预制墙板，临时斜撑一般安放在其背后，且一般不少于两道；对于宽度比较小的墙板，也可仅设置一道斜撑。当墙板底部没有水平约束时，墙板的每道临时支撑包括上部斜撑和下部支撑，下部支撑可做成水平支撑或斜向支撑。对于预制柱，由于其底部纵向钢筋可以起到水平约束的作用，故一般仅设置上部支撑。柱的斜撑最少要设置两道，且应设置在两个相邻的侧面上，水平投影相互垂直。

临时斜撑与预制构件一般做成铰接，并通过预埋件进行连接。考虑到临时斜撑主要承受的是水平荷载，为充分发挥其作用，对上部的斜撑，其支撑点至板底的距离不宜小于板高的2/3，且不应小于板高的1/2。斜支撑与地面或楼面连接应可靠，不得出现连接松动而引起竖向预制构件倾覆等。

(3) 斜撑拆除要求

预制墙板斜支撑和限位装置应在连接节点和连接接缝部位后浇混凝土或在灌浆料强度达到设计要求后拆除。当设计无具体要求时，后浇混凝土或灌浆料应达到设计强度的75%以上后方可拆除斜支撑和限位装置。预制柱斜支撑应在预制柱与连接节点部位后浇混凝土或灌浆料强度达到设计要求，且上部构件吊装完成后进行拆除。拆除的模板和支撑应分散堆放并及时清运，应采取措施避免集中堆载。

(4) 安装验收

调整复核墙体的水平位置和标高、垂直度及相邻墙体的平整度后，应填写预制构件安装验收表，经施工现场负责人及甲方代表（或监理）签字后进入下道工序。

4.2 混凝土结构建筑工业化的施工流程

装配式混凝土建筑的竖向构件主要是框架柱和剪力墙。其中现浇的框架柱和剪力墙的施工方式与传统现浇结构相同，本节不再赘述。本节主要讲述预制混凝土框架柱构件安装、预制混凝土剪力墙构件安装以及后浇区的施工。

预制混凝土框架柱构件、预制混凝土剪力墙构件安装工艺中，上下层构件间混凝土的连接有座浆法和注浆法两种方式。预制混凝土剪力墙构件安装常采用注浆法，而预制混凝土框架柱构件安装采用座浆法和注浆法都比较常见。本节将以座浆法为例介绍预制柱构件安装施工工艺，并以注浆法为例介绍预制混凝土剪力墙构件安装施工工艺。

4.2.1 预制混凝土柱构件安装施工

预制混凝土柱构件的安装施工工序为：场地测量与放样→铺设座浆料→柱构件吊装→定位校正和临时固定→钢筋套筒灌浆施工（图4-11）。

(1) 测量放线

安装施工前，应在构件和已完成结构上测量放线，设置安装定位标志。

测量放线主要包括以下内容：

① 每层楼面轴线垂直控制点不应少于4个，楼层上的控制轴线应使用经纬仪由底层原始点直接向上引测。

② 每个楼层应设置1个高程控制点。

③ 预制构件控制线应由轴线引出。

④ 应准确弹出预制构件安装位置的外轮廓线。预制柱的就位以轴线和外轮廓线为控制线；对于边柱和角柱，应以外轮廓线控制为准。

(2) 铺设座浆料

预制柱构件底部与下层楼板上表面间不能直接相连，应有20mm厚的座浆层，以保证两者混凝土能够可靠协同工作。座浆层应在构件吊装前铺设，且不宜铺设太早，以

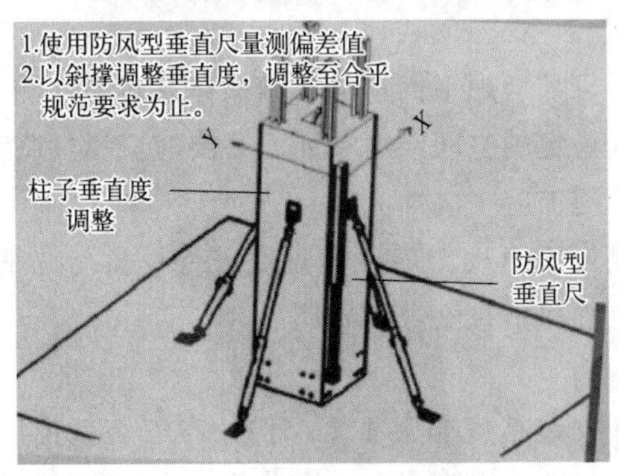

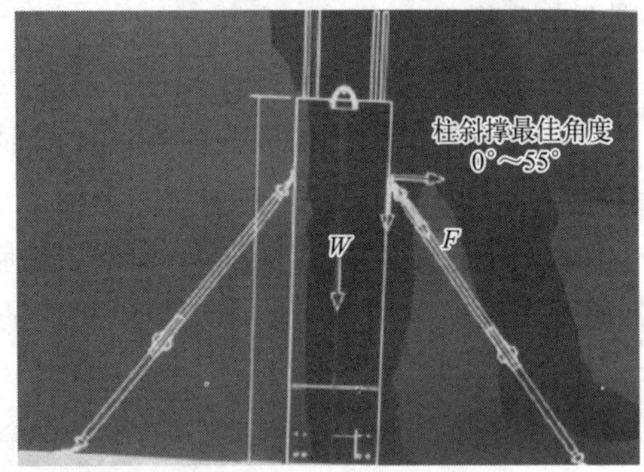

图 4-11　预制混凝土柱构件的安装

第4章

免座浆层凝结硬化而失去黏结能力。一般而言，应在座浆层铺设后 1 小时内完成预制构件安装工作，天气炎热或气候干燥时应缩短安装作业时间。

座浆料必须满足以下技术要求：

① 座浆料坍落度不宜过高，一般在市场上购买抗压强度 40～60MPa 的座浆料，使用小型搅拌机（容积能容纳一包料即可）加适当的水搅拌而成，不宜调制过稀；必须保证座浆完成后呈中间高、两端低的形状。

② 在座浆料采购前需要与厂家约定浆料内粗集料的最大粒径为 4～5mm，且座浆料必须具有微膨胀性。

③ 座浆料的强度等级应比相应的预制柱混凝土的强度高一个等级。

④ 座浆料强度应该满足设计要求。

铺设座浆料前应清理铺设面的杂物。铺设时应保证座浆料在预制柱安装范围内铺设饱满。为防止座浆料向四周流散造成座浆层厚度不足，应在柱安装位置四周连续用 50mm×20mm 的密封材料封堵，并在座浆层内预设 20mm 高的垫块。

(3) 柱构件吊装

柱构件吊装宜按照角柱、边柱、中柱顺序进行安装，与现浇部分连接的柱宜先行吊装。

吊装作业应连续进行。吊装前应对待吊构件进行核对，同时对起重设备进行安全检查，重点检查预制构件预留螺栓孔螺纹是否完好，杜绝吊装过程中滑丝脱落现象。对吊装难度大的部件必须进行空载实际演练，操作人员对操作工具进行清点。填写施工准备情况登记表，施工现场负责人检查核对签字后方可开始吊装。

预制构件在吊装过程中应保持稳定，不得偏斜、摇摆和扭转。

(4) 定位校正和临时固定

① 构件定位校正。

构件底部局部套筒未对准时，可使用倒链将构件手动微调，对孔。垂直坐落在准确的位置后拉线复核水平是否有偏差。无误差后，利用预制构件上的预埋螺栓和地面后置膨胀螺栓安装斜支撑杆，复测柱顶标高后方可松开吊钩。利用斜撑杆调节好构件的垂直度。调节好垂直度后，刮平底部座浆。在调节斜撑杆时必须由两名工人同时、同方向，分别调节两根斜撑杆。

安装施工应根据结构特点按合理顺序进行，需考虑平面运输、结构体系转换、测量校正、精度调整及系统构成等因素，及时形成稳定的空间刚度单元。必要时应增加临时支撑结构或临时措施。单个混凝土构件的连接施工应一次性完成。

预制构件安装后，应对安装位置安装标高、垂直度、累计垂直度进行校核与调整。构件安装就位后，可通过临时支撑对构件的位置和垂直度进行微调。

② 构件临时固定。

安装阶段的结构稳定性对保证施工安全和安装精度非常重要，构件在安装就位后，应采取临时措施进行固定。临时支撑结构或临时措施应能承受结构自重、施工荷载、风荷载、吊装产生的冲击荷载等作用，并不至于使结构产生永久变形。

(5) 钢筋套筒灌浆施工

钢筋套筒灌浆的施工是装配式混凝土结构工程的关键环节之一。在实际工程中，连接的质量在很大程度上取决于施工过程控制。因此，套筒灌浆连接应满足下列要求：

① 套筒灌浆连接施工应编制专项施工方案。施工方案应包括灌浆套筒在预制生产中的定位、构件安装定位与支撑、灌浆料拌和、灌浆施工、检查与修补等内容。施工方案编制应以接头技术提供单位的相关技术资料、操作规程为基础。

② 灌浆施工的操作人员应经专业培训后上岗。培训一般宜由接头技术提供单位的专业技术人员组织。灌浆施工应由专人完成，施工单位应根据工程量配备足够的合格操作工人。

③ 对于首次施工，宜选择有代表性的单元或部位进行试制作、试安装、试灌浆。这里提到的“首次施工”，包括施工单位或施工队伍没有钢筋套筒灌浆连接的施工经验，或对某种灌浆施工类型（剪力墙、柱、水平构件等）没有经验的情况，此时为保证工程质量，宜在正式施工前通过试制作、试安装、试灌浆验证施工方案、施工措施的可行性。

④ 套筒灌浆连接应采用由接头形式检验确定的相匹配的灌浆套筒、灌浆料。施工中不宜更换灌浆套筒或灌浆料，如确需更换，应按更换后的灌浆套筒、灌浆料提供接头形式检验报告，并重新进行工艺检验及材料进场检验。

⑤ 灌浆料以水泥为基本材料，对温度、湿度均具有一定的敏感性。因此，在储存中应注意干燥、通风并采取防晒措施，防止其形态发生改变。灌浆料宜存储在室内。

钢筋套筒灌浆连接施工的工艺要求如下：

① 预制构件吊装前，应检查构件的类型与编号。当灌浆套筒内有杂物时，应清理干净。

② 应保证外露连接钢筋的表面不粘连混凝土、砂浆，不发生锈蚀；当外露连接钢筋倾斜时，应进行校正。连接钢筋的外露长度应符合设计要求，其外表面宜标记出插入灌浆套筒最小锚固长度的位置标志，且应清晰准确。

③ 竖向构件宜采用连通腔灌浆。钢筋水平连接时灌浆套筒应各自独立灌浆。

④ 灌浆料拌和物应采用电动设备搅拌充分、均匀，并宜静置2min后使用。其加水量应按灌浆料使用说明书的要求确定，并应按质量计量。搅拌完成后，不得再次加水。

⑤ 灌浆施工时，环境温度应符合灌浆料产品使用说明书要求。一般来说，环境温度低于5℃时不宜施工，低于0℃时不得施工；当环境温度高于30℃时，应采取降低灌浆料拌和物温度的措施。

⑥ 竖向钢筋灌浆套筒连接采用连通腔灌浆时，宜采用一点灌浆的方式。当一点灌浆遇到问题而需要改变灌浆点时，各灌浆套筒已封堵的灌浆孔、出浆孔应重新打开，待灌浆料拌和物再次流出后进行封堵（图4-7、图4-8）。

⑦ 灌浆料宜在加水后30min内用完。散落的灌浆料拌和物不得二次使用；剩余的拌和物不得再次添加灌浆料、水后混合使用。

⑧ 灌浆料同条件养护试件抗压强度达到35N/mm^{2}后，方可进行对接头有扰动的后续施工。临时固定措施的拆除应在灌浆料抗压强度能够确保结构达到后续施工承载要求后进行。

⑨ 灌浆作业应及时形成施工质量检查记录表和影像资料。

4.2.2 预制混凝土剪力墙构件安装施工

预制混凝土剪力墙构件的安装施工工序为：测量放线→封堵分仓→构件吊装→定位校正和临时固定→钢筋套筒灌浆施工。其中测量放线、构件吊装、定位校正和临时固定的施工工艺可参见预制柱的施工工艺。

(1) 封堵分仓

采用注浆法实现构件间混凝土可靠连接，是通过灌浆料从套筒流入原座浆层充当座浆料而实现。相对于座浆法，注浆法中无须担心吊装作业前座浆料失水凝固，并且先使预制构件落位后再注浆也易于确定座浆层的厚度。

构件吊装前，应预先在构件安装位置预设20mm厚垫片，以保证构件下方注浆层厚度满足要求，然后沿预制构件外边线用密封材料进行封堵（图4-12）。当预制构件长度过长时，注浆层也随之过长，不利于控制注浆层的施工质量。这时可将注浆层分成若干段，各段之间用座浆材料分隔，注浆时逐段进行。这种注浆方法叫作分仓法。连通区内任意两个灌浆套筒间距不宜超过1.5m。

(2) 构件吊装

与现浇部分连接的墙板宜先行吊装，其他宜按照外墙先行吊装的原则进行吊装。就位前应设置底部调平装置，控制构件安装标高（图 4-13）。

图 4-12　封堵注浆层

图 4-13　墙板吊装

(3) 钢筋套筒灌浆施工

灌浆前应合理选择灌浆孔。一般来说，宜选择从每个分仓位于中部的灌浆孔灌浆，灌浆前将其他灌浆孔严密封堵。灌浆操作要求与座浆法相同。直到该分仓各出浆孔分别有连续的浆液流出时，注浆作业完毕，将注浆孔和所有出浆孔封堵（图 4-14）。

图 4-14　灌浆与封堵出浆孔

4.2.3　预制混凝土水平受力构件的现场施工

4.2.3.1　叠合楼板、叠合梁安装施工

(1) 叠合楼板安装施工

预制混凝土叠合楼板的现场施工工艺：定位放线→安装底板支撑并调整→安装叠合楼板的预制部分→安装侧模板现浇区底模板及支架→绑扎叠合层钢筋、铺设管线预埋件→浇筑叠合层混凝土→拆除模板（图 4-15）。其安装施工应符合下列规定：

图 4-15　叠合楼板的安装

① 叠合构件的支撑应根据设计要求或施工方案设置，支撑标高除应符合设计规定外，还应考虑支撑本身的施工变形。

② 控制施工荷载不应超过设计规定，并应避免单个预制构件承受较大的集中荷载与冲击荷载。

③ 叠合构件的搁置长度应满足设计要求，宜设置厚度不大于 20mm 的座浆或垫片。

④ 叠合构件混凝土浇筑前，应检查结合面粗糙度，并应检查及校正预制构件的外露钢筋（图 4-16）。

⑤ 预制底板吊装完后应对板底接缝高差进行校核；当叠合板板底接缝高差不满足设计要求时，应将构件重新起吊，通过可调托座进行调节。

⑥ 预制底板的接缝宽度应满足设计要求。

叠合构件应在后浇混凝土强度达到设计要求后，方可拆除支撑或承受施工荷载。

(2) 叠合梁安装施工

装配式混凝土叠合梁的安装施工工艺与叠合楼板工艺类似。现场施工时应将相邻的叠合梁与叠合楼板协同安装，两者的叠合层混凝土同时浇筑，以保证建筑的整体性能。

图 4-16 叠合板上绑扎钢筋

安装顺序宜遵循先主梁后次梁、先低后高的原则。安装前，应测量并修正临时支撑标高，确保与梁底标高一致，并在柱上弹出梁边控制线；安装后根据控制线进行精密调整。安装时梁伸入支座的长度与搁置长度应符合设计要求。

装配式混凝土建筑梁柱节点处作业面狭小且钢筋交错密集，施工难度极大。因此，在拆分设计时即考虑好各种钢筋的关系，直接设计出必要的弯折。此外，吊装方案要按拆分设计考虑吊装顺序，吊装时则必须严格按吊装方案控制吊装顺序。安装前，应复核柱钢筋与梁钢筋位置、尺寸，对梁钢筋与柱钢筋位置有冲突的，应按经设计单位确认的技术方案调整。

叠合楼板、叠合梁等叠合构件应在后浇混凝土强度达到设计要求后，方可拆除底模和支撑（表 4-1）。

表 4-1 模板与支撑拆除时的后浇混凝土强度要求

构件类型	构件跨度/m	达到设计混凝土强度等级值的百分率/%
板	≤2	50
	>2,≤8	75
	>8	100
梁	≤8	75
	>8	100
悬臂构件		100

4.2.3.2 预制混凝土阳台、空调板、太阳能板的安装施工

装配式混凝土建筑的阳台一般设计成封闭式阳台，其楼板采用钢筋桁架叠合板；部

分项目采用全预制悬挑式阳台。空调板、太阳能板以全预制悬挑式构件为主。全预制悬挑式构件是将甩出的钢筋伸入相邻楼板叠合层足够的锚固长度，通过相邻楼板叠合层后浇混凝土与主体结构实现可靠连接。

预制混凝土阳台、空调板、太阳能板的现场施工工艺：定位放线→安装底部支撑并调整→安装构件→绑扎叠合层钢筋→浇筑叠合层混凝土→拆除模板（图 4-17、图 4-18）。其安装施工均应符合下列规定：

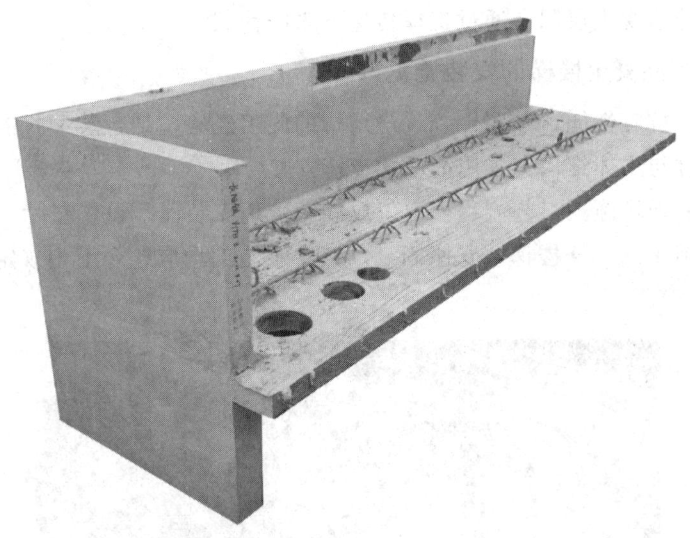

图 4-17　预制混凝土阳台

图 4-18　阳台板安装

① 预制阳台板吊装宜选用专用型框架吊装梁；预制空调板吊装可采用吊索直接吊装。

② 吊装前应进行试吊装，且检查吊具预埋件是否牢固。

③ 施工管理及操作人员应熟悉施工图纸，应按照吊装流程核对构件编号，确认安

装位置，并标注吊装顺序。

④ 吊装时注意保护成品，以免墙体边角被撞。

⑤ 阳台板施工荷载不得超过 1.5kN/m^2。施工荷载宜均匀布置。

⑥ 悬臂式全预制阳台板、空调板、太阳能板甩出的钢筋都是负弯矩筋，首先应注意钢筋绑扎位置的准确。同时，在后浇混凝土过程中要严格避免踩踏钢筋而造成钢筋向下位移。

⑦ 预制构件的板底支撑必须在后浇混凝土强度达到100%后拆除。板底支撑拆除尚应保证该构件能承受上层阳台通过支撑传递下来的荷载。

4.2.3.3　预制混凝土楼梯的安装施工

为提高楼梯抗震性能，参照传统现浇结构的施工经验，结合装配式混凝土建筑施工特点，楼梯构件与主体结构多采用滑动式支座连接。

预制楼梯的现场施工工艺流程：定位放线→清理安装面、设置垫片、铺设砂浆→预制楼梯吊装（图 4-19）→楼梯端支座固定。其安装施工均应符合下列规定：

图 4-19　楼梯吊装

① 吊装前应检查核对构件编号，确定安装位置，弹出楼梯安装控制线，对控制线及标高进行复核。

② 滑动式楼梯上部与主体结构连接多采用固定式连接，下部与主体结构连接多采用滑动式连接。施工时应先固定上部固定端，后固定下部滑动端。

③ 楼梯侧面距结构墙体预留 30mm 空隙，为后续初装的抹灰层预留空间；梯井之间根据楼梯栏杆安装要求预留 40mm 空隙。在楼梯段上下口梯梁处铺 20mm 厚的 C25 细石混凝土找平灰饼，找平层灰饼标高要控制准确。

④ 预制楼梯采用水平吊装，用螺栓将通用吊耳与楼梯板预埋吊装内螺母连接，起吊前检查卸扣卡环，确认牢固后方可继续缓慢起吊。调整索具铁链长度，使楼梯段休息平台处于水平位置。试吊预制楼梯板，检查吊点位置是否准确、吊索受力是否均匀等；试起吊高度不应超过 1m。

⑤ 楼梯吊至梁上方30～50cm后，调整楼梯位置板边线至基本与控制线吻合。就位时要缓慢操作，严禁快速猛放，以免造成楼梯板震折损坏。楼梯板基本就位后，根据控制线，利用撬棍微调、校正，先保证楼梯两侧准确就位，再使用水平尺和倒链调节楼梯水平。

4.2.4 成品保护

交叉作业时，应做好工序交接，避免已完成工序的成品、半成品破坏。

在装配式混凝土建筑施工全过程中，应采取防止预制构件部品及预制构件上的建筑附件、预埋件、预埋吊件等损伤或污染的保护措施。

预制构件饰面砖、石材、涂刷、门窗等处宜采用贴膜保护或其他专业材料保护。饰面砖保护应选用无褪色或无污染的材料，以防揭膜后饰面砖表面被污染。安装完成后，门窗框应采用槽型木框保护。

连接止水条、高低口、墙体转角等薄弱部位，应采用定型保护垫块或专用式套件作加强保护。

预制楼梯饰面应采用铺设木板或其他覆盖形式的成品保护措施。楼梯安装后，踏步口宜铺设木条或以其他覆盖形式保护。

遇有大风、大雨、大雪等恶劣天气时，应采取有效措施对存放的预制构件成品进行保护。

装配式混凝土建筑的预制构件和部品在安装施工过程中、施工完成后，不应受到施工机具碰撞。

施工梯架、工程用的物料等不得支撑、顶压或斜靠在部品上。

当进行混凝土地面等施工时，应防止物料污染、损坏预制构件和部品表面。

4.3 工业化建筑的施工组织与管理

4.3.1 概述

4.3.1.1 施工组织设计的概念

施工组织设计是以建设项目为编制对象，用来规划和指导拟建工程从工程投标、签订合同、施工准备到竣工验收全过程的技术、管理、经济方面的综合性文件，是施工技术与施工项目管理有机结合的产物。它能保证工程开工后施工活动有序、高效、科学合理地进行。

4.3.1.2 施工组织设计的作用

① 指导施工前的一次性准备和工程施工全过程的工作。

② 指导工程投标与签订工程承包合同，作为投标书的内容和合同文件的一部分。

③ 作为项目管理的规划性文件，是施工全过程的计划、组织和控制的基础。

4.3.1.3 施工组织设计的分类

(1) 按编制目的分类

① 投标性施工组织设计：在投标前，由企业有关职能部门负责牵头编制，在投标阶段以招标文件为依据，为满足投标书和签订施工合同的需要编制。

② 实施性施工组织设计：在中标后，施工前，由项目经理负责牵头编制，在实施阶段以施工合同和中标施工组织设计为依据，为满足施工准备和施工需要编制。

(2) 按编制对象范围分类

① 施工组织总设计：以整个建设项目或群体工程为对象，规划其施工全过程各项活动的技术、经济的全局性、指导性文件。它是整个建设项目施工的战略部署，内容比较概括。

一般是在初步设计或扩大设计批准之后，由总承包单位的总工程师负责，会同建设、设计和分包单位的总工程师共同编制。

② 单位工程施工组织设计：以单位工程为对象编制的，用以直接指导单位工程施工全过程各项活动的技术、经济的局部性、指导性文件。它是施工组织总设计的具体化，具体地安排人力、物力和实施工程。

单位工程施工组织设计是在施工图设计完成后，以施工图为依据，由工程项目的项目经理或主管工程师负责编制的。如果单位工程是属于建筑群中的一个单体，则单位工程施工组织设计也是施工组织总设计的具体化。

③ 分部工程施工组织设计：一般针对工程规模大、特别重要、技术复杂、施工难度大的建筑物或构筑物，或采用新工艺、新技术的施工部分，或以冬雨季施工等为对象编制，是专门的、更为详细的专业工程设计文件。

4.3.1.4 施工组织设计的内容

一般包括五项基本内容：

(1) 工程概况

工程的基本情况，工程性质和作用。主要说明工程类型、使用功能、建设目的、建成后的地位和作用。

(2) 施工部署及施工方案

施工安排及施工前的准备工作，各个分部分项工程的施工方法及工艺。

(3) 施工进度计划

编制控制性网络计划。工期采用四级网络计划控制：一级为总进度，二级为三个月滚动计划，三级为月进度计划，四级为周进度计划。

(4) 施工平面图

根据场区情况设计绘制施工平面布置图，大体包括：各类起重机械的数量、位置及其开行路线；搅拌站、材料堆放仓库和加工场的位置，运输道路的位置，行政、办公、文化活动等设施的位置，水电管网的位置等内容。

(5) 主要技术经济指标

施工组织设计的主要技术经济指标包括：施工工期、施工质量、施工成本、施工安全、施工环境和施工效率，以及其他技术经济指标。

4.3.1.5　编制依据与原则

(1) 编制依据

① 与工程建设有关的法律、法规和文件；
② 国家现行的有关标准和技术经济指标；
③ 工程所在地区行政主管部门的批准文件，建设单位对施工的要求；
④ 工程施工合同或招标投标文件；
⑤ 工程设计文件；
⑥ 工程施工范围内的现场条件，工程地质及水文地质、气象等自然条件；
⑦ 与工程有关的资源供应情况；
⑧ 施工企业的生产能力、机具设备状况、技术水平等；
⑨ 企业质量体系标准文件；
⑩ 预算文件提供的工程量和预算成本数据。

(2) 编制施工组织设计的基本原则

① 严格执行基建程序和施工程序；
② 科学地安排施工顺序；
③ 采用先进的施工技术和设备；
④ 应用科学的计划方法制订最合理的施工组织方案；
⑤ 落实季节性施工的措施，确保全年连续施工；
⑥ 确保工程质量和施工安全；
⑦ 节约基建费用，降低工程成本；
⑧ 保护环境。

4.3.2　施工现场总平面布置图主要内容

4.3.2.1　概述

施工现场平面布置图是在拟建工程的建筑平面上（包括周围环境中），布置为施工服务的各种临时建筑、临时设施及材料、施工机械、预制构件等，是施工方案在现场的空间体现。如图 4-20 所示，它反映已有建筑与拟建工程之间、临时建筑与临时设施之间的相互空间关系。布置得恰当与否，执行得好坏，对现场的施工组织、文明施工，及施工进度、工程成本、工程质量和安全都将产生直接的影响。施工现场总平面布置图应包括下列内容：

① 项目施工用地范围内的地形状况；

② 全部拟建的建（构）筑物和其他基础设施的位置；

③ 项目施工用地范围内的加工设施、运输设施、存贮设施、供电设施、供水供热设施、排水排污设施、临时施工道路和办公、生活用房等。

4.3.2.2　施工现场构件堆场布置

装配式建筑施工中，构件堆场在施工现场占有较大的面积，预制构件较多。合理有

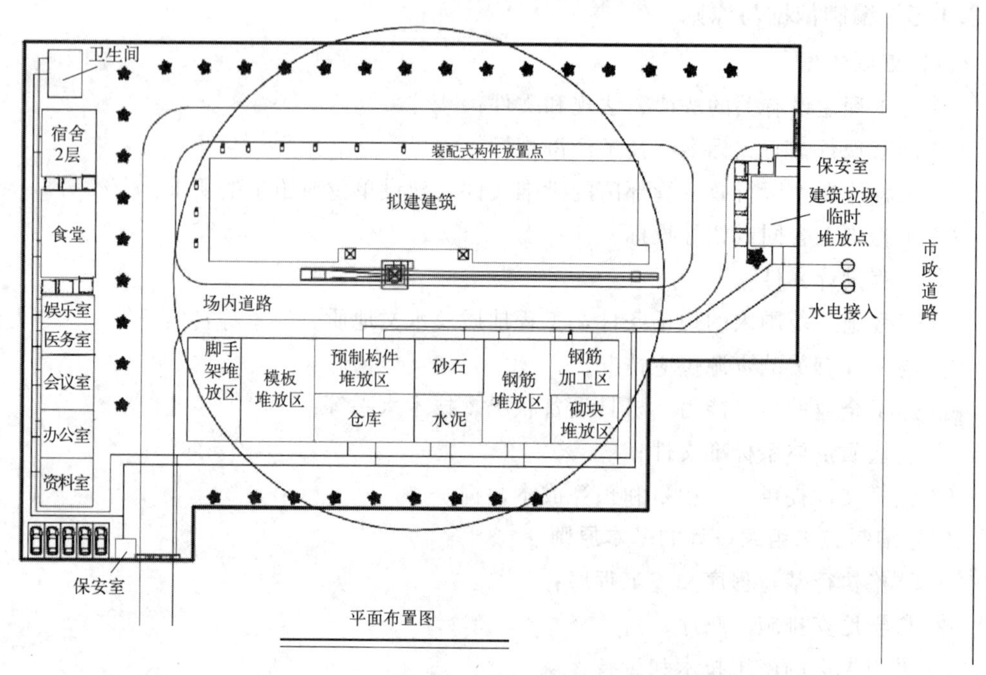

图 4-20 平面布置图

序地对预制构件进行分类布置管理，对于减少使用施工现场面积、加强预制构件成品保护、促进构件装配作业、加快工程作业进度、构建文明施工现场，具有重要的意义。施工现场构件堆放场地不平整、刚度不够、存放不规范都有可能使预制构件在存放时受损、破坏，因此构件存放场地宜为混凝土硬化地面或经人工处理的自然地坪，应满足平整度和地基承载力的要求，避免发生由场地原因造成的构件开裂和损坏。存放场地应设置在吊车的有效起重范围内，且场地应有排水措施。

(1) 构件堆场的布置原则

① 构件堆场宜环绕或沿所建构筑物纵向布置，其纵向宜与通行道路平行布置，构件布置宜按照“先用靠外，后用靠里，分类依次并列放置”的原则。

② 预制构件应按规格型号、出厂日期、使用部位、吊装顺序分类存放，且标识应清晰。

③ 不同类型构件之间应留有不少于 0.7m 的人行通道，预制构件装卸、吊装工作范围内不应有障碍物，并应满足预制构件的吊装、运输、作业、周转等工作需要。

④ 预制混凝土构件与刚性搁置点之间应设置柔性垫片，防止损伤成品构件；为便于后期吊运作业，预埋吊环宜向上，标识向外。

⑤ 对于易损伤、污染的预制构件，应采取合理的防潮、防雨、防边角损伤措施；构件与构件之间应采用垫木支撑，保证构件之间留有不小于 200mm 的间隙；垫木应对称合理放置且表面应覆盖塑料薄膜，以免构件因不合理受力而开裂损坏和污染构件。

(2) 混凝土预制构件堆放

① 预制墙板。根据其受力特点和构件特点，预制墙板宜采用专用支架对称插放或靠放存放，支架应有足够的刚度，并支垫稳固，饰面朝外，且与地面倾斜角不宜小于80°，构件与刚性搁置点之间应设置柔性垫片，防止损伤成品构件（图 4-21）。

图 4-21　预制墙板堆放

② 预制板类构件。预制板类构件可采用叠放方式存放，构件层与层之间应垫平、垫实，各层支垫应上下对齐，最下面一层支垫应通长设置。楼板、阳台板预制构件储存宜平放，采用专用存放架支撑，叠放储存不宜超过 6 层。预应力混凝土叠合板的预制带肋底板应采用板肋朝上叠放的堆放方式，严禁倒置；各层预制带肋底板下部应设置垫木，垫木应上下对齐，不得脱空；堆放层数不应大于 7 层，并应有稳固措施；吊环向上，标识向外（图 4-22）。

图 4-22　预制板类构件堆放

③ 预制梁、柱构件。梁、柱等构件宜水平堆放，预埋吊装孔的表面朝上，且采用不少于两条垫木支撑，构件底层支垫高度不低于 100mm，且应采取有效的防护措施

（图 4-23）。

图 4-23　预制梁、柱构件堆放

思考题

1. 简述装配式框架结构标准层施工安装的主要流程。
2. 简述钢筋套筒灌浆连接施工工法。
3. 预制全装配式混凝土框架结构施工需要做哪些准备？
4. 装配式建筑施工适宜采用哪种施工组织方式？为什么？
5. 施工现场预制构件的堆放注意事项有哪些？

第 5 章
建筑工业化与 BIM 技术

5.1 基于 BIM 的装配式建筑设计

5.1.1 基于 BIM 的深化设计

（1）BIM 模型创建

利用 Autodesk Revit 等软件创建项目单体及整体 BIM 模型，例如创建主楼、地库、机电、PC 等 BIM 模型。并且，基于项目 BIM 模型可对图纸设计中存在的问题进行检查。图纸三维模型如图 5-1 所示。

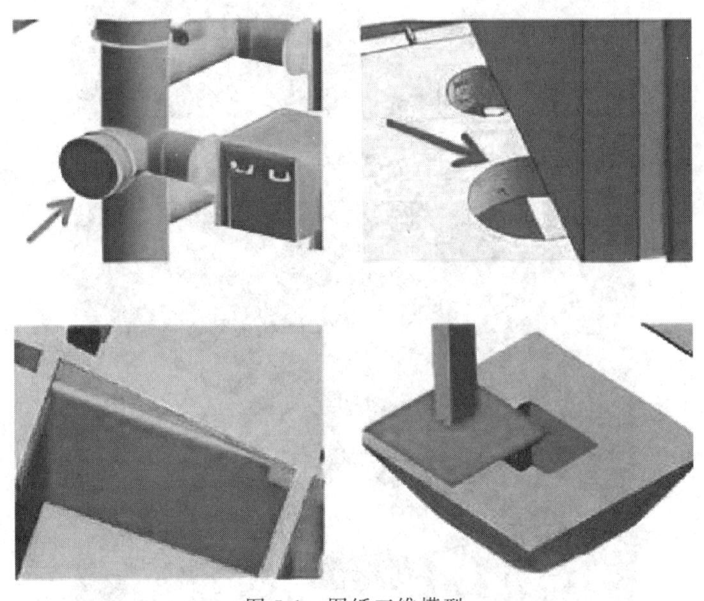

图 5-1　图纸三维模型

（2）PC 深化设计

基于 BIM 技术，对 PC 构件进行深化设计，提前解决 PC 构件在施工过程中可能会出现的问题，优化构配件合理排布。深化设计完成后输出施工图纸，用于 PC 构件生产及现场施工，可以有效提高施工效率，减少返工损失，节省工期。

(3) 预制墙板预埋管线深化设计

进行预制墙板预埋管线深化设计时，依据PC标准层水电点位图、标准层机电安装施工图，综合考虑预埋线盒、给排水系统、强弱电系统预埋管线的合理性，将同回路管线并线优化。

(4) 叠合板预埋管线深化设计

图5-2所示叠合板现浇层设计厚度80mm，板面双向⏀8钢筋，预埋管线直径25mm，保护层15mm，预埋管线敷设交叉重叠若超过3层管线，则80mm厚现浇层无法满足现场施工要求。深化设计后预埋管线敷设重叠不超过2层，保证现浇层厚度满足钢筋布置、预埋管线敷设等现场施工要求。

(a) 修改前

(b) 修改后

图5-2 深化设计前后对比

(5) PC深化设计出图

深化设计完成后，利用BIM模型输出预制墙板、预制叠合板深化设计施工图，用于 PC 构件生产加工及现场施工。

5.1.2　基于 BIM 的多专业协调

基于 BIM 技术的可协调性，整合机电安装各专业 BIM 模型，对各专业间的错、漏、碰、缺等问题进行直观审阅，并进行有效的协调综合，减少不合理变更方案及问题变更方案（图 5-3）。

(a) 协调前

(b) 协调后

图 5-3　专业协调前后对比

（1）基于 BIM 的碰撞检测

利用 BIM 碰撞检测功能，对土建及机电安装各专业 BIM 模型进行整合并进行碰撞检测，发现结构与机电之间、机电各专业之间的碰撞点。通过管线综合排布优化，使各系统管线在建筑空间上占有合理的位置，满足各专业安装要求（图 5-4、图 5-5）。

（2）基于 BIM 的通过性检查

利用 BIM 模型模拟建筑物的三维空间，通过漫游、动画的形式，发现不易察觉的设计缺陷或设备安装运输路线可行性问题等，及时作出调整（图 5-6）。

（3）基于 BIM 的管线综合出图

建筑专业 BIM 模型与机电各专业 BIM 模型整合，各专业管线综合排布优化后，经业主、设计、监理、总包等项目各参与方确认无误后，生成机电安装单专业及多专业综合施工图。通过地库各专业整合 BIM 模型，共输出机电安装各专业平面图、剖面图等，用于指导现场机电安装专业施工。

图 5-4 各专业碰撞点

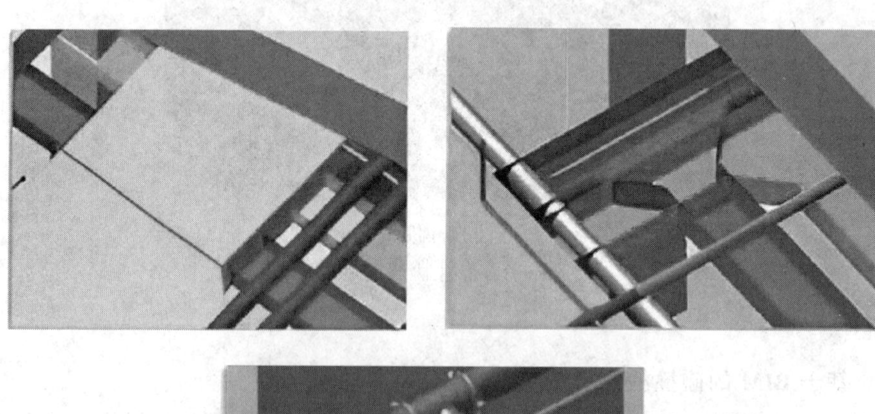

(a) 管线综合排布前

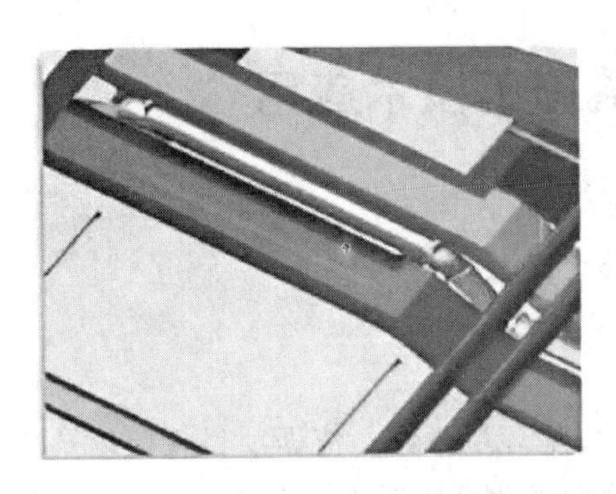

(b) 管线综合排布后

图 5-5　管线综合排布前后对比

图 5-6　通过性检查

5.2 基于BIM的装配式建筑施工技术应用

5.2.1 基于BIM的三维场地布置优化

(1) 三维场地布置优化

根据现场场地特点，利用BIM模型建立场地环境模型；依据项目规模以及相关需求，对办公区、生活区进行布置规划，满足办公及生活临时设施布置需要（图5-7）。

图5-7 办公室及生活场地布置模拟

(2) 施工区三维场地布置优化

主体施工阶段施工场地整体规划，将临时设施等载入场地模型中进行动态模拟，确保各施工道路、PC堆场、钢筋加工棚、木工加工棚等位置的合理性，保证现场施工平面布置的最优化（图5-8）。

5.2.2 基于BIM的施工组织优化

(1) 塔吊及人货电梯布置优化

对主楼垂直运输机械布置进行模拟与优化，综合考虑塔吊、人货电梯扶墙点位置选择等，最终确定群塔及人货电梯布置定位，生成平面布置图，用于指导施工。

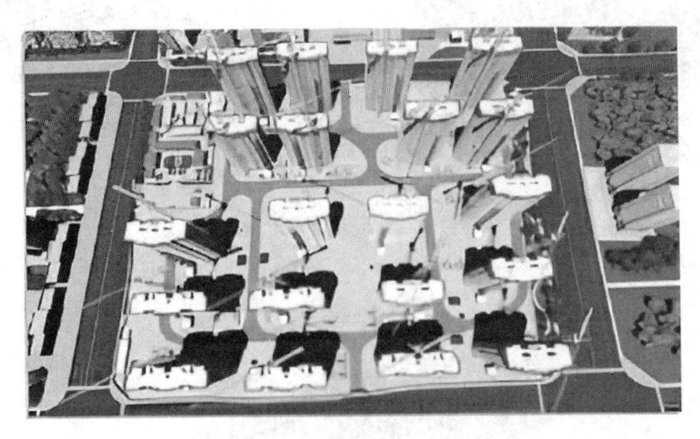

(a) 模拟图

(b) 航拍图

图 5-8 施工区场地布置模拟及实际布置航拍

群塔及人货电梯布置定位最终确定后，生成平面布置图，再由项目测量员计算坐标信息，确保无误后，用于指导现场测量放线、塔吊基础施工、塔吊及人货电梯安装施工。

为避免群塔作业中发生塔吊碰撞现象，对所有楼栋塔吊安装高度进行模拟与优化，相邻塔吊安装高度错开。经项目各参与方讨论确定后，统计各台塔吊安装高度，用于现场塔吊安装高度控制。

(2) 预制构件堆场模拟优化

合理规划预制墙板、叠合板、预制阳台等不同预制构件的堆放方式及位置，有效利用预制构件堆场的规划面积（图 5-9）。

(3) 生成项目总体场地布置平面图

利用 Autodesk Revit 软件将地库、主楼及优化后的塔吊、人货电梯、钢筋加工棚、木工加工棚、PC 构件堆场、施工道路等各单体 BIM 模型进行整合，并生成施工场地布置总平面图，用于指导现场施工。

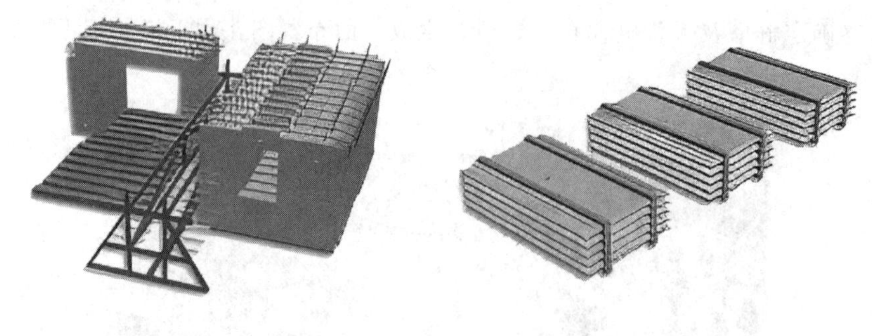

(a) 预制墙板堆放示意图　　(b) 预制叠合板堆放示意图

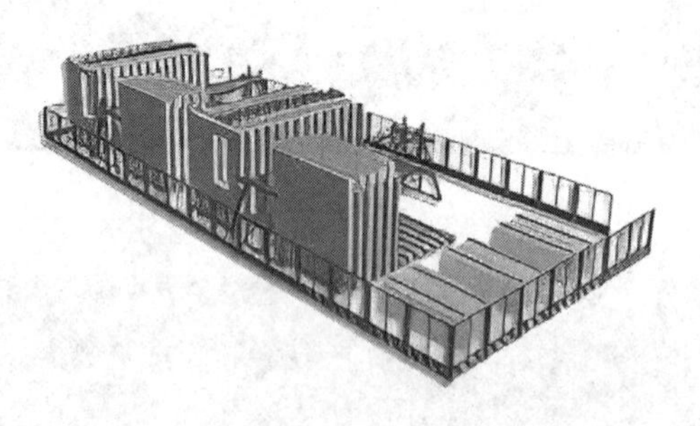

(c) 预制构件堆场优化

图 5-9　预制构件堆场模拟优化

5.2.3 基于 BIM 的施工方案优化

(1) 外挂架施工方案优化

依据外挂架布置图及大样图，创建外挂架 BIM 模型，并与主楼 PC 模型整合，对外挂架布置方案进行三维模拟，优化节点与排布方案，有效避免在施工中出现外挂架安装冲突及未闭合等问题。

(2) 现浇节点模板施工方案优化

依据装配式楼层现浇节点模板施工方案，创建现浇节点模板族及整体 BIM 模型，并对装配式楼层现浇节点模板施工方案进行三维模拟及优化（图 5-10）。

装配式楼层现浇节点模板优化完成后，利用 BIM 模型生成现浇节点模板布置图及钢背楞加工图，生成户型平面布置图、钢背楞加工大样图，用于指导现场施工。

(3) 标准层内支撑施工方案优化

依据装配式楼层内支撑体系施工方案，创建内支撑体系族及整体 BIM 模型，并对内支撑体系施工方案进行三维模拟及优化。

BIM 模型输出内支撑体系布置图，用于指导施工（图 5-11）。

(4) PC 构件运输模拟

模拟 PC 构件运输车辆在城市道路上的 PC 构件运输状况，规划大型 PC 构件运输线路；在施工现场内，运输车辆沿规划的环形 PC 构件运输道路，将 PC 构件运输到指定的 PC 构件堆场（图 5-12）。

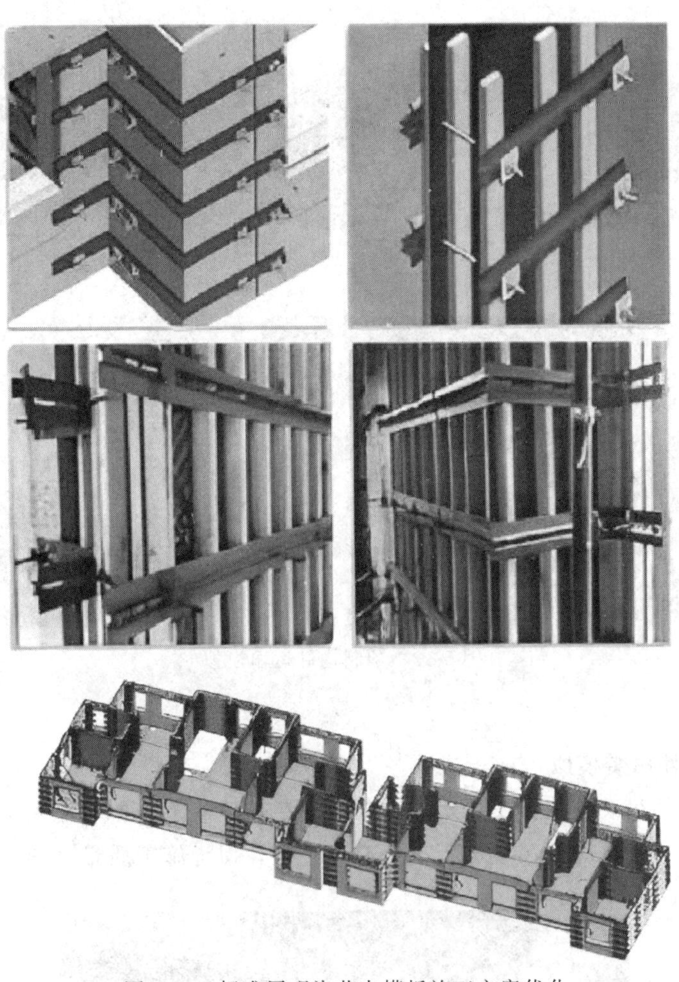

图 5-10　标准层现浇节点模板施工方案优化

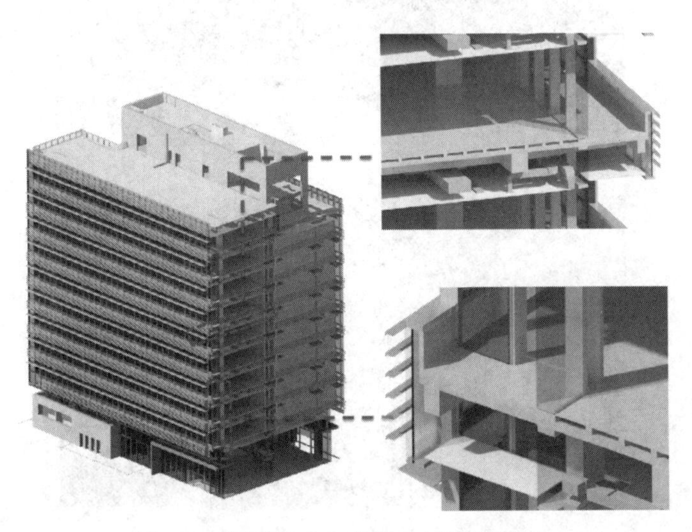

图 5-11　标准层内支撑施工方案模拟优化

图 5-12 预制构件运输模拟

（5）PC 构件吊装模拟

依据 PC 构件吊装施工方案，对 PC 构件吊装施工进行三维动画模拟，用以指导 PC 构件吊装施工，使 PC 构件吊装施工安全有序进行，保证施工质量（图 5-13）。

图 5-13 PC 构件吊装模拟

PC 构件吊装顺序优化——通过 PC 构件吊装模拟，对 PC 构件吊装顺序进行优化。

5.3　基于 BIM 的施工管理应用

5.3.1　BIM+智慧工地平台应用

智慧工地平台应用，直观呈现项目概况及人员、进度、质量、安全等关键指标，项目情况一目了然（图 5-14）。

图 5-14　数字化的智慧工地平台

在智慧工地平台中录入计划施工进度，同时录入实际施工进度，将二者对比分析，可以发现在施工过程中影响施工进度的因素，及时作出调整，确保施工进度。

利用移动端 BIM 软件采集现场质量、安全隐患等的影像资料上传至智慧工地平台，发现问题及时整改，保证施工质量，杜绝安全隐患。

施工人员实名制管控——智能门禁系统与智慧工地平台关联，劳务人员刷卡入场。实时监控场内劳务用工情况，以便灵活调整。

5.3.2　基于 BIM 的物料管理

建筑信息模型及二维码标签技术的发展为解决物资管理的问题提供了有力的技术支持。基于 BIM 的工程数据库，是建筑的虚拟体现，是一个包含成本、进度、材料、设备等多维度信息的模型。目前 BIM 的数据粒度达到构件级，可快速准确分析工程量数据，结合相应的定额或消耗分析系统可以确定不同构件、不同流水段、不同时间节点的材料计划和目标结果。

BIM 价值存在于建筑全寿命周期中，它利用数字建模软件虚拟仿真现实，建立三维模型并录入时间、物料信息，以此为平台提供信息对接与共享，从而对全过程建筑物料进行科学有效的管理。

（1）BIM 技术下对现场物料仓库、料场的准确布置

在物料进场前，根据 BIM 模型进行初步的现场物料仓库、料场的布置；通过施工模拟技术对施工进行模拟。若发现有堆场布置不合理的情况，如占用施工场地导致无法正常施工的工期延误以及物料的二次搬运造成的用工浪费，必须重新对其布置，直到再无此类现象发生。通过应用 BIM 对其事先合理地规划，可以减少不必要的工期、用工浪费，以及由此引起的成本的增加。

（2）BIM 技术下现场物料的精确储存

施工前期，为控制好装配式建筑配件的采购数量，工作人员可以利用 BIM 技术在配件进入施工现场前，结合施工情况开展分析。尤其是对于施工场地狭小、施工时间较短的项目，结合施工现场对配件的需求，工作人员可借助 BIM 技术开展更合理的预算，合理规划配件采购数量，做好施工前的各项准备，避免配件多次入场、搬运带来的问题。

施工中期，为保证施工过程中不断料，使施工顺畅，控制物料存量，不让过多的物料存量影响资金的周转及储存场所的浪费，结合施工实际情况，工作人员可借助 BIM 数据系统对施工进度展开调整，并与之前规划的施工流程进行比对，以此优化施工材料的入场顺序，提升施工整体效率。

施工后期，对装配式建筑施工消耗的材料以及预先计划数据进行比对，找出实际用量和计划用量的差异，明确材料消耗发生的部分，这样可为后续的配件采购工作提供一定的依据。通过分析 BIM 管理数据，能大幅提升后续装配式建筑施工的合理性、针对性。

5.4 基于 BIM 的创新应用

5.4.1 基于 BIM 的多方协调管理

（1）基于 BIM 的多方施工图会审

以 BIM 三维模型为沟通媒介，业主、设计、监理、总包、PC 构件供应商等各项目参与方，在施工图会审过程中，对图纸设计问题逐个评审并提出修改意见，极大地提高沟通效率。

（2）基于 BIM 的施工技术交底

利用 BIM 模型对施工班组进行三维可视化技术交底，对施工细节进行展示，使管理人员及施工人员更好地理解工程做法，提高工程施工质量。

5.4.2　BIM模型＋VR技术

BIM模型＋VR技术，可用于施工场地布置、地库管线综合排布。VR漫游，为体验者提供身临其境的视觉、空间感受；VR安全教育，利用VR技术展示不同场景安全事故并体验，增强劳务人员的安全意识，杜绝安全事故。

利用二维码信息技术，每一个PC构件出厂时均粘贴唯一二维码，管理人员及施工人员只需扫描二维码便可获取PC构件从生产至现场吊装施工全过程的相关信息，为现场施工提供指导。

本章图库

第6章
工业化建筑的成本管理与控制

6.1 装配式建筑成本构成分析

节约资源、减少扬尘、解决建筑质量通病……发展装配式建筑好处多多。在成本构成方面，装配式建筑与传统建筑也是有一定区别的。虽然目前在经济效益上，装配式建筑不是所有情况都能占据优势，但相对于传统建筑，其环保、节能、快速建造等方面的优点所带来的社会效益却是显而易见的。

6.1.1 装配式建筑成本与现浇建筑成本对比

6.1.1.1 案例一：福州市高新区某安置房一期项目

该项目于2018年4月份开工，总建筑面积为153123m^2，其中高层住宅3#、7#、8#主楼部分采用装配式混凝土结构。选取该工程8#楼（装配式）、5#楼（现浇式）进行造价分析。8#楼的柱、剪力墙等为其现浇部分，装配式建筑部品为预制板、预制楼梯等，单体预制率为20.03%，装配率不低于30%；5#楼采用传统现浇混凝土施工，主体结构为框架剪力墙结构。两个单体项目的基本情况如表6-1所示，两个项目基本特征非常相似。

表6-1 项目指标

楼号	项目特征	层数	户型	建筑面积/m^2	檐口高度/m	层高/m
8#	装配式	24	两梯四户	11634	67.5	3
5#	现浇式	24	两梯四户	11907	67.5	3

通过装配式混凝土结构与现浇混凝土结构分部工程指标，对两者不同的建造成本进行数据对比（见表6-2）。

表 6-2　8#楼（装配式）、5#楼（现浇式）造价对比分析表

分部工程	8#楼(装配式)		5#楼(现浇式)		单方造价增减/(元/m^2)
	造价/万元	经济指标/(元/m^2)	造价/万元	经济指标/(元/m^2)	
土建工程	1762.39	1514.86	1608.77	1351.11	163.75
PC构件及安装	275.82	237.08	—	—	237.08
现浇混凝土工程	1062.83	913.56	1168.15	981.06	−67.50
砌筑工程	121.72	104.63	129.25	108.55	−3.92
门窗工程	248.78	213.84	247.09	207.52	6.32
屋面及防水工程	53.24	45.76	64.29	53.99	−8.23
装饰工程	649.30	558.11	703.96	591.22	−33.11
安装工程	468.64	402.82	457.55	384.27	18.55
合计	2880.33	2475.78	2770.28	2326.60	149.19

6.1.1.2　案例二：福州市某住宅楼项目

该项目总建筑面积为99507m^2，其中地上建筑面积约75070m^2，地下建筑面积约24437m^2。项目包括两栋15层高层住宅和六栋17层高层住宅，其中3号楼、6号楼、9号楼为全现浇建筑，5号楼、7号楼、8号楼为装配式建筑，装配率为20%，采用装配整体式框架-剪力墙结构，竖向承重结构均采用现浇，水平承重构件中的楼板、梁和阳台采用预制和现浇的叠合方式。以该项目5号楼和6号楼为例，比较装配式建筑与现浇建筑各个阶段的成本。5号楼和6号楼总层数均为16层，层高均为2.9m，5号楼建筑面积11864m^2，6号楼建筑面积8158m^2。

在设计现浇建筑施工图纸时，不同专业由相应的专业设计人员独立负责，设计图纸数量较少，设计人员水平熟练，设计费用一般在25～30元/m^2。装配式建筑设计图纸数量多，涉及多个交叉专业，增加了设计人员的工作量，设计成本也必然增加。装配式建筑的设计费用一般比现浇建筑增加15～30元/m^2。5号楼和6号楼的设计费用见表6-3。

表 6-3　装配式建筑与现浇建筑设计费用对比表

费用	5号楼(装配式)		6号楼(现浇式)		设计费增加/(元/m^2)
	总设计费/万元	单方设计费/(元/m^2)	总设计费/万元	单方设计费/(元/m^2)	
设计费	59.32	50	24.47	30	20

建安费用涉及土建工程、装饰工程、给排水工程、采暖工程及电气工程，各个单位工程的费用对比见表6-4。

表 6-4　装配式建筑与现浇建筑建安费用对比表

分部/单位工程	5 号楼(装配式)		6 号楼(现浇式)		单方造价增减/(元/m^2)
	造价/万元	经济指标/(元/m^2)	造价/万元	经济指标/(元/m^2)	
砌筑工程	1.10	0.93	4.72	5.79	−4.86
钢筋混凝土工程	345.66	291.34	616.86	756.12	−464.78
PC 构件与安装	1492.69	1258.13	—	—	1258.13
外墙保温工程	15.55	13.11	36.11	44.26	−31.15
屋面防水工程	21.68	21.33	25.31	26.58	−5.25
楼地面工程	16.36	13.78	37.79	46.32	−32.54
抹灰及零星工程	87.26	73.55	120.21	147.35	−73.8
措施项目	119.64	100.84	93.48	114.59	−13.75
土建工程合计	2103.56	1773.01	930.86	1141.01	632.00
装饰工程合计	137.77	146.46	127.68	156.51	−10.05
给排水工程合计	97.61	82.27	91.72	112.43	−30.16
采暖工程合计	33.16	27.95	34.75	42.59	−14.64
电气工程合计	145.30	122.47	96.01	117.69	4.78
总计	2553.40	2152.16	1281.02	1570.23	581.93

6.1.1.3　某地区装配式建筑成本增量对比

相关资料显示，上海市装配式成本增量情况如下：

① 剪力墙结构小高层住宅：按 15%的预制率计算，成本增量为 220～250 元/m^2。预制率每增加 10%，成本增量估算在 90～120 元/m^2。

② 框架结构办公楼：按 15%的预制率计算，成本增量为 250～300 元/m^2。预制率每增加 10%，成本增量估算在 130～150 元/m^2。

③ 框架结构住宅：按 15%的预制率计算，成本增量为 280～350 元/m^2。预制率每增加 10%，成本增量估算在 220～260 元/m^2。

上海某地区商品住宅的技术经济分析数据如表 6-5 所示。

表 6-5　不同装配率技术经济分析数据

项目	现浇	装配率为 15%	装配率为 25%	装配率为 30%	装配率为 40%
现浇建筑成本/(元/m^2)	2400	—	—	—	—
增加成本/(元/m^2)	—	280	350	420	490
成本/(元/m^2)	—	2680	2750	2820	2890
增加比例	—	11.67%	14.58%	17.50%	20.42%

续表

项目	现浇	装配率为15%	装配率为25%	装配率为30%	装配率为40%
预制构件	无	凸窗板、阳台板、楼梯、部分外墙	凸窗板、阳台板、楼梯、外墙	凸窗板、阳台板、楼梯、外墙、部分叠合板	凸窗板、阳台板、楼梯、外墙、部分叠合板、部分内墙

6.1.2 现阶段成本影响因素

6.1.2.1 PC构件及其连接的成本因素

目前市场上的PC构件（图6-1）售价大概为2500～3500元/m^3，比传统混凝土高近一倍。这里有一部分原因是装配式构件本身的构造所决定的。例如：

① 传统建筑的现浇楼盖厚度在110～150mm之间；而装配式建筑楼盖采用叠合板，总厚度比传统楼盖厚50mm左右，钢筋还需要采用配筋率更高的桁架式钢筋，导致含钢量和混凝土量提高10%～20%。

图6-1 PC构件

② 传统剪力墙结构建筑，隔墙采用空心砖砌块；而装配式建设工程混凝土结构采用钢筋混凝土预制隔墙板。

我国目前的装配式建筑采用"等同现浇"的结构设计理论，设计方法均为通过可靠的竖向钢筋连接技术，把预制构件和现浇结构相结合从而连接成一个整体，然后经过建筑构造（防水防潮等）设计，保证建筑达到"等同现浇"体系的实用性、耐久性和安全性。装配式建筑节点、接缝多且连接较为复杂，为了保证节点连接的可靠性，节点施工一般采用安全性较高的钢筋套筒灌浆连接工艺，套筒连接件需要量大，灌浆料价格高，从而使装配成本大幅增加。钢筋套筒灌浆连接部位水平分布钢筋加密构造，其含钢量增加1～2.0kg/m^2。

6.1.2.2 标准化程度

我国装配式建筑生产标准化、专业化程度不高，装配式市场较小，构件成本仍较高。虽然同一生产企业采用的标准是统一的，甚至可以形成系列化产品，但不同构件生产企业的标准不统一且难以协调，不同企业构配件难以实现有效替代，使得构配件市场竞争不充分，装配式构件生产成本较高。

6.1.2.3 专业化程度

装配式构件生产企业专业化程度低。专业化生产包括线上的规范化、操作的规范化和工人技术的规范化。为了降低成本，装配式构件生产企业一般在同一套生产线上生产多种型号的构配件，因生产设备种类多、设备转换工艺复杂、生产指标体系不同等原因，生产效率大大降低，装配式构件生产成本提高。

6.1.2.4 规模化

根据经济学理论，在有效市场的前提下，随着生产规模的适度增加，产品的边际成本会降低。也就是说，如果装配式建筑发展到一定程度，那么生产成本自然会出现相应程度的降低。目前，我国装配式建筑因标准化、专业化程度较低，无法形成构件的规模化生产，因此分摊到各个构件的生产成本必然居高不下。

国内的预制构件的生产线设备尚未进行过大规模应用的实践验证。设备的质量和稳定性都面临着很大的考验。目前国内很多的预制厂家，其生产线均未满负荷运行。2015年中房协对国内31个省（自治区、直辖市）的111家规模以上的混凝土预制厂家调研发现：279条预制混凝土构件生产线，年生产能力2580万 m^3，2014年实际产量523.45万 m^3，开工率仅为20.28%。大部分厂家依然停留在楼梯、楼梯板等水平预制构件的生产上，竖向构件如墙板生产不多，这都造成了预制厂家在设备投入上的资金压力过大，同时就带来了预制构件在设备摊销上的成本增加。

2019年，我国拥有预制混凝土构配件生产线2483条，设计产能1.62亿 m^3。在产能排名前10的河北、内蒙古、上海等地，设计产能为1.15亿 m^3，实际产能0.71亿 m^3，开工率仅为60%。2021年10月至2022年3月，津冀地区已投产装配式混凝土结构部品生产企业超过27家，生产基地超过45个，设计产能239.64万 m^3，混凝土结构部品列入排产计划约94.78万 m^3，空余产能约144.86万 m^3，产能发挥近四成。

6.1.2.5 产业集成化程度

装配式建筑在原则上应该是工程设计、部品部件生产、施工及采购的统一管理的深度融合，从而实现项目的有效成本控制。目前我国装配式建筑产业组织模式往往是以建设单位为核心，设计单位、施工单位、构件生产企业等多方作为独立参与者，由建设单位统一协调。该模式最大的特点就是离散性大，产业组织集成化程度低，故成本增加。

6.1.2.6 设计成本

装配式建筑设计需要根据生产和装配的需要对每个构件进行拆分。在构件深化拆分设计中，预制构件都要从建筑、结构、设备等多专业进行综合考量，立面图、剖面图及构件连接详图都需要详细反映在拆分图上，这些工作加大了设计阶段的工作强度和技术难度。

6.1.2.7　设计专业化程度

设计标准程度相对较低且复杂多样，不满足装配式建筑的“多组合、少规格”的设计要求。例如，在生产阶段为了配合构件的安装，预制构件常常出现钢筋外露、边模侧面开孔的情况，该类别的构造会降低边模的刚度和强度，使得模具变形，经常损坏而需要更换；在生产过程及安装过程中，常出现零件（包含构件）外形、尺寸不同，以及预埋件位置不一致或设计更改等情况，影响工厂的生产排产、构件安装和工程质量。

6.1.2.8　物流成本

传统现浇建筑的材料物流费用是材料成本的一部分，而装配式建筑中因建造方式的不同，预制构件是在构配件厂生产，再由构配件厂运输至施工现场进行装配，物流成本相比于传统施工方式而言是额外增加的费用。装配式建筑全过程物流成本主要包括以下两方面：

① 构件的仓储费用。传统建筑是直接在现场浇筑混凝土，在实体建造过程中不需要专门的构件仓储场地。但装配式构件在构配件厂生产完成后需要专门的场地存放，期间还需要专人负责养护和管理。同时，构件在运输到施工现场后，仍需要场地进行堆放，构件的仓储费用进一步增加。

② 构件场外运输费。相比于传统建筑商品混凝土运输费，预制构件因尺寸大、形状不规则、在运输过程中需要增加保护措施等原因，运输费用较高。同时，因构配件厂数量少、分布不均等因素导致运输距离增加，构件运输费用也相应增加。

6.1.2.9　产业工人人员数量

传统的劳动力工作水平仍相对较低，产业工人缺失严重。对于精细化程度相对较高的装配式建筑，现有的劳动力水平明显不满足现代化的装配式建筑施工要求。传统建筑的施工现场主要以混凝土建造为主，传统的劳动力本身就具备一定的施工技能，只需简单培训便可投入建筑工作中，没有专业的技术要求。但是，装配式构件从生产到安装的工人都需要熟悉装配式构件、会使用大型辅助器械来生产或者吊装构件，有些工人不具备这种专业技能，虽然可以通过培训提高技术工人的专业性，但时间成本和资金成本提高。

6.1.2.10　施工成本

构件在施工场地内的二次搬运费：传统现浇式建筑的商品混凝土在施工现场直接完成浇筑，而装配式构件运送至现场后因施工进度的不同，在施工场地内会出现二次搬运，因此额外增加了预制构件的二次搬运费。

预制构件的现场安装是装配式建筑的核心技术之一。施工人员选择合适的塔吊型号并合理安排塔吊施工范围，根据施工进度和安装顺序确定构件的放置位置，因此对施工人员吊装技术的专业性和熟练性要求较高。同时，与传统现浇建筑不同的是，预制构件的节点安装是额外增加的费用。

根据现场调研发现，相比于单独现浇，预制构件吊装和现浇构件浇筑交叉施工并不节约工期。此外，由于装配式建筑施工工艺不成熟，现浇与吊装配合紧密度不高，因此施工工期得不到有效节约，致使成本增加。

6.1.3 装配式建筑和传统建筑的费用构成差异

6.1.3.1 人工费

装配式建筑整个施工过程相较于传统建筑项目发生了很大的变化，若按照不同的分部分项工程划分，看似工种没有很大的区别，但在量上和工种之间发生了一定的变化。

将装配式建筑人工费按以下方式划分：第一部分为预制工厂生产过程中的各种人工费用，第二部分为从预制工厂到施工现场运输途中所发生的一系列人工费用，第三部分则为施工现场各分部分项工程所包含的人工费用。

传统建筑项目的人工费主要是在施工现场施工过程中各工种所产生的费用，主要包括：土石方的开挖、回填过程中产生的一系列人工费；混凝土的制作、运输、振捣、搅拌费用；钢筋的绑扎、剪切费用；砌筑工程中砌块的砌筑、放线费用；防水和隔热工程中材料铺设以及工人运输不同材料的成本；模板、脚手架以及零星项目所产生的人工费用等。

仅从人工费的构成上来看，装配式建筑与传统建筑项目人工费的区别在于预制构件在预制工厂的生产以及运输过程中所产生的一系列人工费。

两者在工种的需求量上也发生了变化。预制构件在一个全新的预制工厂进行生产制作，然后运输到施工场地，其中产生了有别于传统建筑项目的人工费用，全过程基本采用流水线生产、信息化管理，砌筑工程量、抹灰工程量等大幅度减少。构件在安装过程中，需要的工种也发生了相应的变化，需要专业技能更强的技术工人。例如，预制构件在其垂直运输安装中，对其放线的要求比传统建筑项目更精确，并需要掌握预制构件的对孔等辅助部件的安装。另外，现场的施工作业人员相对减少，使得人工费也有所减少。

6.1.3.2 材料费

传统建造项目的用料从构成上与装配式建筑项目在施工现场的用料大致是一致的，只是没有装配式建筑预制工厂和构件吊装过程中需要的一些材料，两者的种类和数目都有所不同。

传统建造项目的材料费主要涉及：不同型号的钢材，不同强度的水泥、石灰、砂子、粗骨料、细骨料，不同类型的混凝土块，不同用途的瓷砖，不同类型的排水管、木材、防水材料、SBS 改性沥青、防水涂料、胶黏剂、防水剂、加气剂、防裂剂等其他材料种类。

为确保装配式建筑的整体性，必须采取相应的措施保证构件的强度和刚度，通常做法是增加预制构件中的材料数量，或使用外加剂，或提高材料强度等级，并且在安装和吊装中，需要使用辅助构配件。例如，装配式建筑使用的灌浆套筒连接，而传统建筑使用的是螺纹套筒。

6.1.3.3　机械费

装配式建筑项目中主要包括以下机械产生的费用：汽车式起重机、塔式起重机、载重汽车、灰浆搅拌机、交流电焊机、空压机、套丝机、外用电梯、升降机等产生的费用。除此以外，还包括其他租用的机械设备费用。

装配式建筑在现场施工时，比传统建造项目所用的机械（例如吊装设备、注浆设备等）多。并且预制构件因尺寸和重量大，其机械设备的需求也增加了。因吊装需要，需要匹配起重力矩更大的塔吊，故塔吊单日租赁费以及使用费有所提高。

6.1.4　补助政策

必须承认的是，装配式建筑的经济性目前暂时无法等同于或者优于普通的现浇结构建筑，这是目前影响开发商大力发展装配式建筑的重要原因之一。为此，各级地方政府积极引导，根据各地区的发展现状因地制宜地探索装配式建筑的发展政策，弥补装配式的成本增量。

6.2　装配式建筑成本管理与控制

政府将节能减排、提质增效定义为中国建筑行业未来发展的首要目标。中国建筑行业正处于由粗放型向集约型转变的阶段，成本增量制约着建筑工业化在中国的全面落地执行，装配式建筑成本的有效控制是建筑工业化成功发展的关键。建筑工业化全寿命周期成本管理与控制涵盖了从项目立项到最终交付乃至运营全过程的项目总投资的管理。

6.2.1　决策阶段的管控

6.2.1.1　加强政府宏观引导

需要政府制定与装配式建筑发展相关的扶持性政策，通过减税降费等政策降低现阶段装配式建筑的成本增量，发挥政策应有的引导与激励作用。例如：

北京市对于未在实施范围内的非政府投资项目，凡自愿采用装配式建筑并符合实施标准的，给予实施项目不超过 3%的面积奖励。

上海市对于符合装配整体式建筑示范要求（居住建筑装配式建筑面积 3 万 m^2 以上，公共建筑装配式建筑面积 2 万 m^2 以上，单体预制率应不低于 45%或装配率不低于 65%）的项目，每平方米补贴 100 元。

福建省出台用地保障、容积率奖励、购房者享受金融优惠与税费优惠等多种补助和保障政策。

广东省出台优先安排用地计划指标、增值税即征即退优惠政策、适当的资金补助，优先给予信贷支持等多种补助和保障政策。

辽宁省实施财政补贴措施；增值税即征即退优惠；优先保障装配式建筑部品部件生

产基地（园区）、项目建设用地；允许不超过规划总面积的5%不计入成交地块的容积率核算等。

南京市生产装配式建筑部品部件的高新企业，可以享受15%的企业所得税税率优惠和其他绿色建筑相关扶持政策。

6.2.1.2 加大科研投入，完善标准化和模数化

在材料创新方面，注重高强、轻质、节能的新型装配式建材的研发；在结构方面，注重耗能减震的新型结构形式与装配式建筑相结合，提高抗震性能；在软件开发方面，通过数字化平台提升装配式建筑的整体建造水平。

同时，从建筑设计、构件生产和运输、构件安装以及工程验收等方面完善装配式建筑行业标准，尤其是在构件标准化和模数化方面进行统一，提高生产效率，从而降低成本。

6.2.1.3 综合协同

传统的建造方式里，设计方、构件生产方、施工方均为独立参与者，相互之间不存在，也不允许存在未经建设方参与的沟通过程。生产中的所有协作均由核心方——建设方进行统一协调。由于建设过程参与方众多，其生产过程的集成化程度较低，过程复杂，所有协作与沟通过程，必须经由建设方反复协调才得以实现，协调过程多且繁杂，周期过长。各种信息传递路径过长，节点过多，产生不必要的衰减和偏差的概率增加。各种制造偏差与损耗也会增加，并最终导致生产成本上升。

企业在决策阶段，需要考虑构件生产、设计以及施工安装的配合度，形成完整的产业链，协调上下游之间的关系，做到预制构件的多环节处理，控制构件的合理设计、生产以及安装，优化构件的最终质量和精密度。可采用设计施工采购总承包模式，使工程设计、施工等建设环节有机结合，系统优化设计方案，统筹预制装配作业，有效地对质量、成本和进度进行综合控制，提高工程建设管理水平，缩短建设总工期，降低工程投资，保证工程质量。

政府可以通过修改相关资质管理标准，建立生产安装一体化的资质模式，促进专业化生产、安装一条龙的大型施工企业产生和发展，实现设计-施工-管理一体化。

6.2.1.4 加强专业人才培养与人员培训

在宏观层面，针对装配式建筑管理、技术人才紧缺问题，政府部门可以在高职或中职教育中加大装配式相关证书的考评力度，鼓励校企合作共同培养人才，为从事装配式建筑管理或施工的人员提供相应的专题培训或继续教育，同时在培训费用上给予优惠，从而减轻企业培训的时间和资金成本。

在企业层面，装配式建筑特点鲜明，但同时也对设计、生产、造价控制及安装工作都提出了较高的要求，从而必须加强对装配式建筑相关专业人员的培养。设计人员不仅要具备专业理论知识，还要有一定的信息化技术能力；造价人员则必须有全局观，能够合理地对各阶段的成本影响因素进行控制；安装人员直接影响装配式建筑的建设质量，因此要能够熟练掌握操作技巧。

6.2.2 设计阶段的管控

6.2.2.1 方案设计阶段

系统考虑建筑方案对深化设计、构件生产、运输、安装施工环节的影响，合理确定方案，特别是对需要预制的部分，应选择易生产、好安装的结构构造形式，不可人为地增大项目实施的难度，应该重点把握预制率和重复率。合理拆分构件模块，利用标准化的模块灵活组合来满足建筑要求。

6.2.2.2 方案优化阶段

通过间接提高装配式建筑的附加值，从而降低造价成本。因此，可用模数、标准化、使用功能、现浇与预制相结合的方法，优化方案设计。例如：结构部分可采用高强度混凝土、钢筋以降低材料用量；主体结构、室内装饰、水电安装等可采用工业化集成技术；建筑围护、阳台、楼梯、空调板、门窗等构件，可采取工业化生产方式；外墙装饰可采用耐久、一次成型的施工材料；优化防水设计，既达到外观美观效果，又能够不影响外墙防水。

6.2.2.3 深化设计，构件拆分阶段

首先，考虑水平构件采用预制技术（预制叠合梁、板、楼梯、阳台），避免楼面施工时的满堂模板和脚手架搭设，可节省造价；其次，应考虑外墙保温装饰一体的预制外墙，减少外脚手架使用；再次，考虑承重和非承重内墙的预制等拆分；还应更多地综合考虑多种因素条件下，因时因地制宜，即在尊重原有建筑风格的前提下，追求施工生产一体化，找寻在既定建筑成本概算前提下利于施工、便于生产的合理装配率。

构件的拆分，还需要遵循以下原则：①外立面的外围护构件尽量单开间拆分；②预制剪力墙接缝位置选择结构受力较小处；③长度较大的构件拆分时可考虑对称居中拆开；④考虑现场脱模、堆放、运输、吊装的影响，要求单构件质量尽量接近，一般不超过 6t，高度不宜跨越层高，长度不宜超过 6m。

住宅户型实行套型设计的标准化与系列化，遵循预制构件“多组合、少规格”的设计原则，保证了预制构件模具的重复利用率，可有效地降低预制构件生产的成本。比如：某项目，预制外墙挂板共 1810 块，其中最大质量 4.4t，标准板质量 3.2t。1810 块预制挂板一共有 4 块标准板，其“多组合、少规格”的挂板形式降低了模具的摊销，提高了装配式建筑的生产效率，同时节约了预制构件的成本 20%以上。万科集团测算，如将构件模板周转次数由 60～70 次提高到 100 次，则模具的费用能降低 80～100 元/m^3。

6.2.2.4 提高各专业配合度

与传统现浇建筑相比，装配式房屋中设计、建造对各专业的配合度要求更高，需要各专业尽早参与配合。建筑专业要考虑对外立面风格、保温形式、降板区域、楼梯面层做法，以及预埋窗框、瓷砖、石材反打等方面的影响；设备专业涉及预制构件的预留洞、预埋管，图纸细化工作量非常大；装饰装修专业涉及机电点位提资，介入时间需大

大提前；施工单位需要总包单位、吊装单位、构件生产厂家都要提前介入；同时，在设计过程中，还需进行BIM模拟，考虑装配式构件预留钢筋与现浇部位钢筋的位置关系和连接，以大大减少现场施工过程中构件的错位和碰撞。

6.2.3 施工准备阶段的管控

标准化、专业化、规模化是制造业工业化的基础，在保证产品质量的同时，更是有效地降低了成本，这已经成为制造业的基本共识之一。

6.2.3.1 标准化生产

实现标准化，意味着不同的生产者按照特定统一标准所提供的零部件是在使用上没有差异的，是可以实现完全替换的，其最终结果就是促使零部件生产企业降低零部件的生产成本与供应价格。相比于制造业的标准化，目前我国建筑业装配式建筑的零部件、构配件生产的标准化程度较低。虽然同一生产企业所采用的标准是统一的，甚至也可以形成完整的系列化产品，但不同企业之间的标准不统一，且难以协调。这就使得不同企业的构配件之间不存在可替代性，构配件的市场竞争程度降低，价格难以下降。尽管目前有关部门也发布了装配式建筑的建设标准与规范，但和制造业的标准化程度相比还有待提高。

6.2.3.2 专业化生产

为了保证装配式建筑的技术可行性，构配件产品必须实现系列化、完整化。在没有实现构配件标准化的前提下，构配件的生产企业必须保证能够实现所有规格、种类的构配件的生产与供应。为了节约用地并降低成本，目前构配件生产企业一般采取多种构配件在同一生产线上转换工艺进行生产的模式，生产中技术类别繁多，操作工艺差别大，指标体系复杂，设备调整频率高，工人熟练程度低，生产间歇增加，专业化程度与生产效率相对较低，最终导致生产成本的上升。

现阶段，预制构件的生产工艺主要是台座法、流水线法。流水线法相比于台座法成本较高，以人工操作为主，产生残次品也较多，造成成本增加。因此，改进生产工艺、提升自动化程度也是降低装配式建筑成本的重要方法。

6.2.3.3 规模化生产

在有效市场需求的前提下，随着生产规模的适度增加，产品的边际成本将会降低。通过扩大或维持一定的生产规模以降低其生产成本，是现代制造的基本特征。在没有同类产品标准化，没有企业生产专业化的前提下，就不会形成大范围的社会化分工与协作，因而市场也就不存在对于某一特定产品的有效需求。这时如果单一企业在该类产品生产中盲目扩大规模，则必然导致库存和资金占用风险。这正是目前装配式建筑市场的现状——非标准化的构配件在市场上没有广泛的需求性，批量生产虽然可以降低生产成本，但库存与资金占用的风险与成本会更高。因此企业必须缩小并控制生产规模，从而形成较高的生产成本。

企业需要通过扩大生产规模以降低成本。借助企业自身优势，如关联企业订单、垫资优势或产业基地联盟等，提高市场占有率，形成规模化优势，改善边际变动成本，降低毛利，提升应收账款变现率。依靠信息化的生产管控模式形成区域垄断，从而扩大市场规模，提高行业集中度，实现降本增效。

PC构件在生产环节中离不开钢模板的多次使用（钢模板周转次数可达200次），一副模具投资至少数万元，需要上百次的周转才能使得其费用得到经济性摊销，否则，就会抬高PC构件的直接成本。由于构件企业的特殊性，在订单生产过程中，为了使蒸养时间和模具使用率发挥其最大经济性，构件企业必须安排提前生产，仓储占地大、费用高，同时增加了二次搬运和破损修复的成本。当前装配式建筑构件生产企业越来越多，使得构件的生产越发碎片化，若缺少协调统一的安排，容易使装配式建筑建设成本增加。

为了减少成本，部分企业会选择入股构件厂，并保证一定的生产量，这样一来既解决了构件生产问题，也降低了构件的生产成本。

6.2.3.4 合理运输

选择合适的构件生产企业，合理制订运输方案。在选择装配式构件生产企业时可以多家对比考察，在确保产品质量的前提下尽量选择运输距离较短的厂家。运输距离的长短对运输费用具有决定性作用。同时，在运输装配式建筑构件之前，应先对车辆空间、体积进行测算，并结合构件尺寸选择合理的摆放角度和方式，如采用平行摆放、横向摆放等方式，以充分利用运输车的空间。此外，应当先勘察运输路线和路况，明确路线中的桥梁、隧道对车辆的重量或者高度是否有所限制，以及路线中的特殊转弯情况等，确保运输过程的顺畅，避免路况阻碍构件的正常运输。此外，运输过程中还要做好防护，避免构件被磕碰，造成不必要的损坏。

6.2.4 施工阶段的管控

在施工安装阶段，现场管理水平起着至关重要的作用。预制构件安装效率是影响安装费用的主要因素，因此，现场管理人员对安装顺序、现场调度资源配置的能力都是影响安装费用的重要因素。合格的吊装水平、施工安装、吊装技术是预制构件搭接完成的重要保障，避免因技术原因而造成重复吊装以及二次起吊造成的构件受损。与现场良好配合沟通，PC构件编号和摆放追求科学简洁，尽量将构件平放或立放，提高施工现场的运输效率，节省运费。塔吊在选择时应满足构件卸车区、存放区及施工安装的布置要求。为了节约塔吊的成本，构件拆分设计时应充分考虑预制构件的质量和位置，单构件质量一般不宜大于6t，两端山墙的预制构件质量应尽量轻一些。

6.2.5 基于新技术的管控

6.2.5.1 将装配式建筑与BIM技术有机融合

BIM技术的日渐成熟和广泛应用，为装配式建筑的发展提供了新的机遇。若将二者有机融合，形成基于BIM技术的数字化建造技术，实现对装配式建筑全寿命周期的信息化管理，可以大幅提高设计、生产、运输、施工、运维的工作效率。BIM技术可以在设计环节自动对造价成本进行更新，减少了中间一些必要但又复杂的人工环节。BIM建模可以进一步精准确定实体工程量。利用BIM技术对图纸之中、成品构件之间的碰撞问题进行检测，避免在施工过程中因为构件之间相互碰撞而产生停工待料、延误工期等问题。同时，通过建立基于BIM技术的装配式建筑全过程信息平台，将建设过程中的大量信息及时导入BIM数据库，BIM数据库识别、分析、整合有效信息并传递给全过程工程咨询单位，全过程工程咨询单位接收信息后对后续咨询工作提前策划，形成咨询成果并导入信息管理平台。业主可以随时查看项目信息并通过平台反馈问题。通过信息管理平台，实现装配式建筑全过程信息集成共享，同时也可以实现对成本的有效控制。

运用BIM（建筑信息模型）和RFID（无线射频技术）等信息技术，实现装配式建设工程全寿命周期数据共享和信息化管理。利用RFID技术可优化构件的生产流程，减少操作环节，提高仓储、物流、安装、验收环节的效率。

6.2.5.2 建立数字化产业整合平台

根据上述成本控制措施，建立数字化产业整合平台，精准对接供需，协同产业链上下游专业生产。在深化设计阶段，建立PC构件的数据库，从数据库中选取合适的预制构件模板进行深化设计，按整体建筑功能需求，将围护、装饰、保温、防水功能结合起来，使之更好地满足整体建筑的功能要求和建筑制造过程中的施工安装要求，再分配厂家进行生产。在生产阶段，基于BIM的信息直观性对接装配式建筑设计、生产、安装和维护全过程，全平台以BIM模型作为信息传递基础，预制构件类模型提供三维预览窗口，整合建筑设计、生产、检测、维护及更新改造，方便设计人员、生产人员、安装人员与后期维护人员的沟通，不仅能起到成本控制的作用，而且能收集分散在各处的数据，为后续的大数据处理提供可能性。

6.2.5.3 提高集成化水平

推动物联网、大数据、BIM的交叉融合，提高集成化水平。如对各专业进行全面审核，综合考虑各方面因素，协调、修改，避免在运输、安装阶段不协调修改。如此才能真正减少事后修改，降低造价，推动新技术在设计阶段的应用，加强跨行业、跨领域的技术深度融合与创新应用，完善图纸，事前发现问题并解决，确保建筑图和施工图的统一与完善。

6.2.6 经济成本与社会价值的考量

装配式建筑的生态效益日渐突出。在社会对雾霾、建筑垃圾等环境问题关注程度日益提高及政府治理污染力度加强等背景下，装配式建筑的节能、节材、节水、节地、降噪除尘的生态效益将受到政府、社会的好评和欢迎。

建筑施工的大多数工序都离不开水，但目前施工环节的用水量大、水利用效率较低。如混凝土、砌体、抹灰、楼地面养护等相关工作中，施工现场目前大多采用浇（洒）水方式，砌体砌筑前及抹灰前需要浇水湿润，混凝土、砂浆搅拌用水常常因计量不准确而造成过量用水，造成水的浪费。

相比之下，装配式建筑在现场施工节水方面具有明显的优势。由于采用预制构件，减少了现场湿作业工程量，减少了构件养护用水。另外，装配式建筑可以减少传统施工方式下的一些用水环节，如：混凝土泵和运送混凝土的搅拌车需要进行冲洗；而装配式建筑实行预制构件的吊装与装配，施工现场并不需要混凝土固定泵和运送混凝土的搅拌车，节约类似设备的冲洗用水。

在装配整体式建筑的施工过程中，由于采用的是工业化的生产方式，构件和部分部品在工厂中预制生产，混凝土模板实现了模具化，减少了现场支拆模的大量噪声。采用预制构件的安装方式，同样也就减少了钢筋切割的现场工序，避免高频摩擦声的产生；在装修阶段，对于装配整体式建筑，可采用整体配件式的装修模式，实现厨卫等家庭设施的整体安装和装修，减少了现场的切割机、电锯等工具的使用，起到降低噪声的作用。

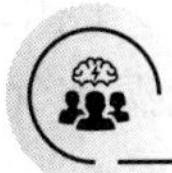

思考题

在线题库

1. 与传统建筑相比，影响装配式建筑成本的因素有哪些？

2. 在项目建设的各个阶段，分别可以从哪些方面对装配式建筑的成本进行管理与控制？

第 7 章 建筑工业化的发展与展望

7.1 “双碳”目标下的建筑工业化

7.1.1 “双碳”目标及其发展背景

“双碳”目标指我国力争 2030 年前实现碳达峰、2060 年前实现碳中和的目标。碳达峰指在某一个时间点，二氧化碳的排放达到峰值，不再增长而逐步回落的现象。碳中和指国家、企业、产品、活动或个人在一定时间内直接或间接产生的二氧化碳或温室气体排放总量，通过植树造林、节能减排等形式，实现正负抵消，达到相对“零排放”的现象。2020 年 9 月 22 日，习近平主席在第七十五届联合国大会一般性辩论上郑重宣示：中国将提高国家自主贡献力度，采取更加有力的政策和措施，二氧化碳排放力争于 2030 年前达到峰值，努力争取 2060 年前实现碳中和。2022 年党的二十大报告提到：积极稳妥推进碳达峰碳中和。立足我国能源资源禀赋，坚持先立后破，有计划分步骤实施碳达峰行动。完善能源消耗总量和强度调控，重点控制化石能源消费，逐步转向碳排放总量和强度“双控”制度。推动能源清洁低碳高效利用，推进工业、建筑、交通等领域清洁低碳转型。自 1992 年中国成为《联合国气候变化框架公约》的缔约方之一以来，中国不仅成立了国家气候变化对策协调机构，而且根据国家可持续发展战略的要求，采取了一系列与应对气候变化相关的政策措施，为减缓和适应气候变化做出了积极贡献。

随着我国生态文明建设的不断推进，“绿水青山就是金山银山”的理念日益深入人心。以顶层设计结合试点示范的工作模式，我国从 2010 年开始，先后启动各类低碳试点工作，推动落实中国政府所承诺的二氧化碳排放强度下降目标。通过以点带面的政策示范效应，充分调动了各方面低碳发展的积极性、主动性和创造性，为“双碳”目标的实现注入强大动力。独具中国特色的政策设计逻辑，以及全力打好污染防治攻坚战的执行力，充分彰显了我国的制度优势，尤其是集中力量办大事的优势。

2020 年中国建筑节能协会能耗专委会发布的《中国建筑能耗研究报告（2020）》表明，2011—2015 年（“十二五”期间），建筑全寿命周期能耗猛增，其原因在于建筑材料生产能耗增加过快；“十三五”前 3 年（2016—2018 年），建筑全寿命周期能耗仍呈现平稳增长趋势，增速平稳放缓，2018 年全国建筑全过程碳排放总量占全国碳排放的比重已达到 51.3%。建筑业碳排放占全国碳排放近一半，在实现温室气体减排的目标方面可扮演重要角色。建筑业的碳减排和碳中和的发展程度对我国实现“双碳”目标有着重大的影响，降低建筑碳排放对“双碳”目标的实现具有重要意义。

7.1.2 “双碳”目标对建筑工业化的影响

建筑全寿命周期能耗概念界定。建筑全过程耗能可由以下 4 个阶段进行综合计算：①建筑材料生产、运输；②建筑施工；③建筑运行使用；④建筑拆除及废弃物处理。在此基础上，建筑能耗相关概念的界定可见图 7-1。具体包含以下概念：

① 建筑能耗，指在建筑运行阶段的耗能，包括维持建筑环境（如供暖、制冷、通风、空调和照明等）的终端设备用能和各类建筑内活动（如办公、炊事等）的终端设备用能。

② 建筑业能耗，指作为国民经济物质生产部门建筑行业的能源消费，主要为建筑企业的施工生产能耗。

③ 建筑领域能耗，指建筑运行能耗和建筑业能耗之和。

④ 建筑物化能耗，指将建筑物作为建筑工程的最终产品，在其建造过程中原材料的开采、生产、运输、构件生产、施工等过程所消耗的各类能源总和，包含建材生产和建筑施工能耗。

⑤ 建筑全寿命周期能耗，指建筑作为最终产品，在其全寿命周期内所消耗的各类能耗总和，包括建材生产运输、建筑施工、建筑使用运行和建筑拆除处置能耗。

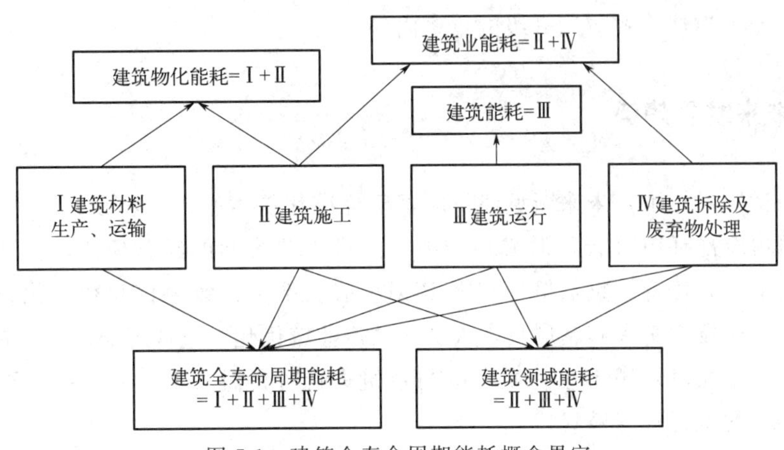

图 7-1 建筑全寿命周期能耗概念界定

建筑工业化指通过现代化的制造、运输、安装和科学管理的生产方式，来代替传统建筑业中分散、低水平、低效率的手工业生产方式。建筑工业化的内涵包含建筑设计标准化、构配件生产工厂化、施工机械化、组织管理科学化。无疑，建筑工业化在节能、环保和提效等方面具有较强优势。作为建筑工业化的重要产物之一，以装配式建筑为例，其碳排放计算可分为如图 7-2 所示各个阶段。建筑工业化整个过程涉及的碳排放分布在建筑全过程碳排放的各个阶段，在建筑工业化过程中控制碳排放，对于降低全国建筑全过程碳排放具有重要实际价值。研究表明，装配式预制在全寿命周期实现减碳

7.5%，极大地缓解了传统施工的高能耗问题。因此，装配式建筑是建筑行业助力实现“双碳”目标的重要抓手。

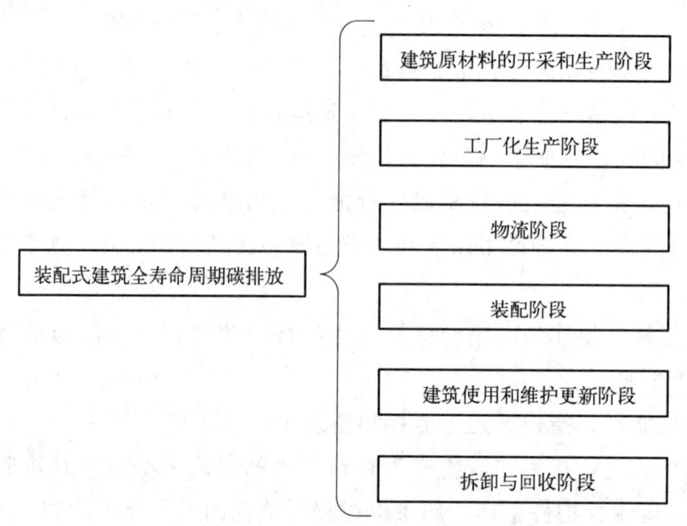

图 7-2　装配式建筑全寿命周期碳排放计算内容

在“双碳”目标的背景下，以绿色建筑为目标，以智能建筑为技术手段，以建筑工业化为生产方式，从而实现建筑全寿命周期的节能和减碳目标，为实现“双碳”目标助力，是目前新型建造方式应用升级的重要内涵。

7.1.3　未来发展趋势

在“双碳”目标下，未来新型建筑应基于标准化技术平台，将设计、生产、施工、采购、物流等全部环节整合，形成多个项目间可资源协同的经营模式，实现规模化效益。加快产业工人培育，重点培育掌握 BIM、信息系统、数字化和智能化设备及专业技术方面的产业技术工人和基层技术人员，从产业链优化的整体思路出发，在源头处探索将风能、太阳能以及城市生物质发电与建筑进行有机融合的方式，探索更为高效智能、绿色循环的工程管理模式。

7.2　绿色建筑与智慧建筑

7.2.1　绿色建筑

绿色建筑指在全寿命期内，节约资源、保护环境、减少污染，为人们提供健康、适用、高效的使用空间，最大限度地实现人与自然和谐共生的高质量建筑。绿色建筑包含以下内容。

7.2.1.1　绿色建材

绿色建材因其能源资源消耗少、环境影响低、性能品质好，备受社会关注。发展绿色建材是支撑绿色建筑的有效保障，有利于促进建材工业提质增效和建筑领域实现碳达峰、碳中和，对推动城乡建设高质量发展有重要意义。

(1) 绿色墙体材料

传统的建筑墙体主要在建筑物中发挥承重、围护、分隔空间、隔声、隔热等作用。近年来，随着社会各界环保意识的增强，涌现了大批绿色墙体材料，其区别于传统墙体材料，常具有以下特征：①节约资源；②节约能耗；③节约土地；④可清洁生产；⑤多功能，如轻质、高强、易安装和拆卸、防霉、节约空间等；⑥可再生利用。

绿色墙体材料种类多样，主要有用固体废物生产的绿色墙体材料、非黏土质新型材料、高保温性墙体材料，如纤维增强硅酸钙板、玻璃纤维增强水泥轻质多孔隔墙条板、蒸压加气混凝土板、钢丝网架水泥夹芯板、金属面夹芯板、非黏土烧结多孔砖和空心砖、高掺量烧结粉煤灰砖、石膏砌块和混凝土砌块、农林业副产品生产轻质板材等。

(2) 绿色保温隔热材料

保温隔热材料指不易传热的材料，在建筑工程中常用于建筑墙壁、屋面、热力设备及管道等部位。保温隔热材料可大幅降低能源消耗，非常有利于建筑节能的开展，因此保温隔热材料的推广应用具有重要意义。

常见的保温隔热材料有岩棉及其制品、矿渣棉及其制品、玻璃棉及其制品、矿物棉装饰吸声板、绝热用硅酸铝棉及其制品、膨胀珍珠岩及其制品、泡沫塑料材料、外墙内保温板、胶粉聚苯颗粒保温系统、EPS颗粒保温浆料保温系统，以及膨胀聚苯板薄抹灰墙外保温系统等。

(3) 绿色防水材料

传统的建筑防水材料往往更注重防水材料的物理力学性能和成本，忽略了材料生产、施工和投入使用过程中对人体健康和生态环境的危害。近年来，人们环保意识的增强催生了大批高品质绿色防水材料。绿色防水材料可被定义为具有以下特性：①合理利用资源；②尽量节约资源；③保护生态环境；④保障人体健康；⑤耐久性佳。

建筑防水材料常用类型有沥青防水卷材、高分子防水卷材、建筑防水涂料、建筑密封材料和防渗堵漏等防水材料。

(4) 绿色装饰装修材料

室内装修过程中，部分材料的使用将会释放大量有害成分，因而开发生产绿色装饰装修材料是避免室内空气污染的重要举措。同时发展节约资源、低碳、环保的绿色装饰装修材料也是顺应“双碳”目标的时代潮流。

绿色装饰装修材料指能满足绿色建筑需要，且在制造、使用、废弃物处理过程中对地球环境负荷小，有利于人类健康的材料。常具备以下特征之一：①质量符合或高于相应产品的国家标准；②使用国家规定允许使用的原料、材料、燃料或再生资源；③生产过程中的废气、废渣、尘埃的数量和成分达到或低于国家规定的允许标准；④在使用时，达到国家规定的无毒、无害标准，不会引发污染和安全隐患；⑤在废弃时，对人体、大气、水质、土壤的影响符合或低于国家环保标准允许的指标。

大体上，按照化学成分的不同，建筑装饰装修材料可分为有机高分子装饰材料、无机非金属装饰材料、金属装饰材料和复合装饰材料。具体地，常见类型有陶瓷、玻璃、混凝土、石材、瓦材、板材、胶黏剂等。

7.2.1.2　绿色施工

建筑工程行业的资源消耗量大，施工过程中的噪声、固体废物以及空气污染将严重影响生态环境。传统建筑施工以经济性和工期为主要目标，常忽略资源节约与环境保护的重要性，这种模式显然无法满足现代化建筑工程的发展需要。近年来，我国住房和城乡建设部（以下简称“住建部”）陆续颁布了相关绿色施工的标准规范，绿色施工逐渐受到工程界重视。绿色施工是指在保证质量、安全等基本要求的前提下，通过科学管理和技术进步，最大限度地节约资源，减少对环境的负面影响，实现节能、节材、节水、节地和环境保护（“四节一环保”）的建筑工程施工活动。

《绿色施工导则》中定义绿色施工总体框架由 6 部分组成：①施工管理；②环境保护；③节材与材料资源利用；④节水与水资源利用；⑤节能与能源利用；⑥节地与施工用地保护。具体地，各部分涉及内容如图 7-3 所示。

通常，为更好地实现绿色施工，往往需明确绿色施工任务，制订相应策划方案，进行绿色施工管理，实施绿色施工技术要点，最后进行绿色施工评价。

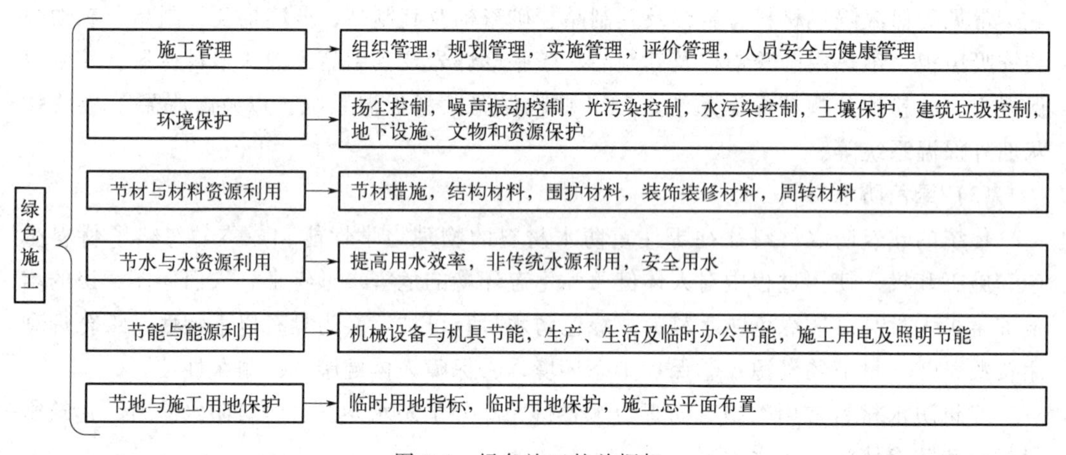

图 7-3　绿色施工的总框架

根据《建筑工程绿色施工评价标准》（GB/T 50640）规定，绿色施工评价宜按地基与基础工程、结构工程、装饰装修与机电安装工程三阶段进行。评价要素包含三种类型：①控制项，指必须达到的基本要求条款；②一般项，指依据实施情况进行评价的条款；③优选项，指实施难度较大，要求较高的条款。最终评价形成相应绿色施工等级（不合格、合格以及优良）。

7.2.1.3　超低能耗绿色建筑

超低能耗绿色建筑也称为被动式建筑，旨在运用节能环保技术，实现最大程度的建筑节能和最小程度的环境破坏，体现建筑与环境的和谐统一。2017 年，住建部在《建筑节能与绿色发展“十三五”规划》中明确提出，积极开展超低能耗、近零能耗建筑示范，推动超低能耗建筑集中连片建设，鼓励开展零能耗建筑示范。超低能耗绿色建筑是近零能耗建筑的初级表现形式，近零能耗建筑指充分利用自然通风、采光、太阳能、室内非供暖热源等被动式节点手段，结合建筑围护，充分利用可再生资源而建成的低耗能建筑，其终极目标在于降低二氧化碳的排放量。

为响应国家政策要求，目前，诸多地区相继颁布了被动式超低能耗建筑的相关鼓励政策。如：《北京市推动超低能耗建筑发展行动计划（2016—2018年）》提出对于社会投资的项目，由市级财政给予一定奖励资金；2021年，石家庄市住建局、石家庄市财政局印发《石家庄市建筑节能补助专项资金管理办法》，对于被动式超低能耗建筑提供50元/m^2的资助（单个项目不超过100万元）；青岛市《组织申报绿色建筑及被动式建筑奖励资金》中提出对于被动式建筑示范工程给予200元/m^2的奖励（单个项目不超过100万元）。除此以外，江苏、江西、河南等诸多地区也出台了系列鼓励政策，以推进超低能耗建筑的发展。

同时，国家也颁发了相关标准规范以指导超低能耗建筑的建设。我国住建部于2015年颁布《被动式超低能耗绿色建筑技术导则（试行）（居住建筑）》，借鉴了国外被动房和近零能耗建筑的经验，结合我国已有工程实践，明确了我国被动式超低能耗绿色建筑的定义，不同气候区技术指标及设计，施工、运行和评价技术要点，为全国被动式超低能耗绿色建筑的建设提供指导。2019年，我国住建部发布了《近零能耗建筑技术标准》（GB/T 51350—2019），该标准由中国建筑科学研究院和河北省建筑科学研究院会同46家科研、设计、产品部品制造单位的59位专家历时3年联合研究编制完成，对超低能耗建筑的能效指标、技术参数、技术措施以及评价方法进行了相关规定。在此基础上，各省参考国家标准、政策也制定了省级标准，如：河北省《被动式低能耗居住建筑节能设计标准》（DB13(J)/T 177—2015）；山东省《被动式低能耗居住建筑节能设计标准》（DB37/T 5074—2016）；江苏省《江苏省超低能耗居住建筑技术导则（试行）》。

大体上，建设超低能耗建筑可从以下几方面深入：

（1）充分利用自然能

常用的被动式建筑技术主要包括：自然采光照明、夏季的夜间降温和遮阳隔热、冬季的太阳能辐射供暖、过渡季自然通风等。

（2）采用优良节能的围护结构保温隔热技术

采用适宜的高性能围护结构系统，可显著降低建筑制冷及供暖空调负荷。围护结构可包含外墙、屋面、外窗、楼板等。

（3）充分利用可再生能源

可再生能源利用形式主要有地源热泵、太阳能集热等。

7.2.2 智慧建筑

近年来，随着智能传感、GPS、物联网、5G、大数据等技术的逐渐成熟，人工智能（artificial intelligence，AI）得到了迅猛发展。人工智能是计算机科学的一个分支，它是研究、开发用于模拟、延伸和扩展人的智能的理论、方法、技术及应用系统的一门新的技术科学。到目前为止，人工智能方法在机器人、语言识别、模式识别、图像识别、自然语言处理和专家系统等领域应用广泛。由此衍生了数字化、自动化、网络化、智能化、信息化技术，将这些新技术赋能于建筑，可为用户提供一个高效、舒适、便利的人性化建筑环境，形成智能建筑。《智能建筑设计标准》（GB 50314—2015）中定义智能建筑为：以建筑物为平台，基于对各类智能化信息的综合应用，集架构、系统、应用、管理及优化组合为一体，具有感知、传输、记忆、推理、判断和决策的综合智慧能力，形成以人、建筑、环境互为协调的整合体，为人们提供安全、高效、便利及可持续发展功能环境的建筑。而智慧建筑则具有在智能建筑基础上进一步发展形成的新内涵。如图 7-4 所示，智慧建筑是智能建筑在时间维度上的扩展、空间维度上的扩展、要素边界的扩大、计算方式的更新以及新经济模式的融入。

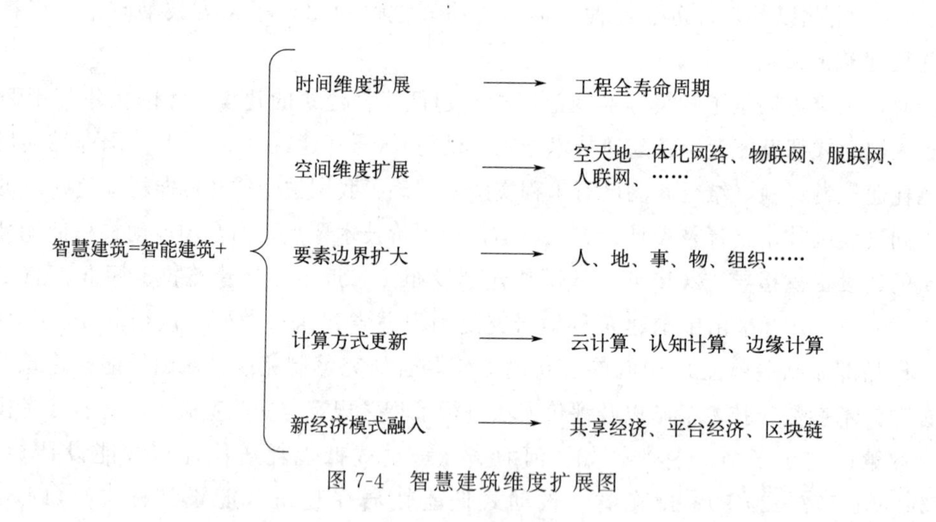

图 7-4 智慧建筑维度扩展图

（1）时间维度扩展

智慧建筑应是贯穿建筑全寿命周期的各个阶段（规划、概念设计、细节设计、分析、制图、预制、施工、监理、运维、翻新）的智能化建筑。

（2）空间维度扩展

智慧建筑在空间维度上的扩展包括：卫星导航定位、地下建筑空间、交通、城市、地理信息系统、物联、互联、车联、视联、服联、全息建筑、孪生建筑、智慧空间等。

（3）要素边界扩大

智慧建筑中智慧的元素不断增加，包含人、地、事、物、组织、车流、资金流、信息流等。

（4）计算方式更新

对于智慧建筑中所获取的大数据信息，传统计算方式费时费力，新型计算方式（如云计算、雾计算、边缘计算、认知计算等）能提供更为便捷、自动、经济的解决方案。

（5）新经济模式融入

智慧经济就是创意-创新-创造-创业经济，而智慧建筑属于智慧经济中的一员。新经济模式可有共享经济、平台经济、区块链等。共享经济模式下，智慧建筑属于其中一个元素，新型共享办公建筑可大幅提高建筑的利用率。

7.2.3　未来发展趋势

目前，智能建筑在标准、需求、产品、系统、设计、施工、监测、运维等方面已有较为丰富的应用推广。而智慧建筑尚处于摸索阶段，未来的建筑可能在以下方面进行更新的探索。

（1）多源数据及技术的融合

建筑中布设的各类传感设施每天采集大量数据，这些数据可能来自不同的开发部门、不同的建筑阶段（设计、管理、施工、运维等），此外，不同阶段的传感器类型和数量也具有时间维度上的差异性，由此造成数据的分散、冗余、多源。对于这种类型的数据，如何充分集成相关信息，融合多源数据，进而提炼关键信息，是未来工作的一个重点方向。

（2）建立标准规范

随着智慧建筑的发展和应用，到目前为止，我国已颁布相关标准规范，如 2015 年住建部颁布了《智能建筑设计标准》（GB 50314—2015）；2021 年相关机构起草了《智慧建筑评价标准》（T/CECS 1082—2022）。为进一步更好指导并推进智慧建筑的建设，有待出台或更新智慧建筑相关标准，给出智慧建筑设计的方案指导，细化标准规定，深化智慧建筑内涵。

（3）加快产业人才培育

智慧建筑的技术实现层面涉及计算机、通信、软件、网络等领域的专业人士，而这些人员在建筑施工和设计阶段参与度不够，导致智慧平台搭建人员对工程需求的理解不够深入。因此，未来需进一步加快产业人才培育，重点培育掌握 BIM、信息系统、计算机、数字化和智能化设备及专业技术方面的技术人员。

7.3　智能建造

建筑业是国民经济的支柱产业之一，为我国经济的持续健康发展提供了有力支撑。但建筑业生产方式仍然比较粗放，与高质量发展要求相比还有很大差距。为推进建筑工业化、数字化、智能化升级，加快建造方式转变，推动建筑业高质量发展，我国住房和城乡建设部等部门于 2020 年制定《关于推动智能建造与建筑工业化协同发展的指导意见》，提出发展目标为：到 2025 年，我国智能建造与建筑工业化协同发展的政策体系和产业体系基本建立，建筑工业化、数字化、智能化水平显著提高，建筑产业互联网平台初步建立，产业基础、技术装备、科技创新能力以及建筑安全质量水平全面提升，劳动生产率明显提高，能源资源消耗及污染排放大幅下降，环境保护效应显著。到 2035 年，我国智能建造与建筑工业化协同发展取得显著进展，企业创新能力大幅提升，产业整体优势明显增强，“中国建造”核心竞争力世界领先，建筑工业化全面实现，迈入智能建造世界强国行列。

近年来，随着物联网、云计算、大数据、移动互联、BIM、数字孪生、元宇宙等技术的发展，建筑业迎来深刻变革，智能建造成为大势所趋。

7.3.1 智能建造的概念

智能建造指在建造过程中充分利用智能技术和相关技术，通过应用智能化系统，提高建造过程的智能化水平，减少对人的依赖，达到安全建造的目的，以提高建筑的性价比和可靠性。智能建造是信息化、智能化与工程建造过程高度融合的创新建造方式，智能建造所涉及的技术包括 BIM 技术、GPS 技术、VR 技术、大数据与云计算技术、数字孪生技术、物联网技术、3D 打印技术、人工智能技术等。

7.3.2 智能建造管理系统

智能建造管理系统是针对建筑全寿命周期过程中各方（设计方、管理方、施工方、运维人员）需求，建立的一种可视化在线系统平台，从而为建筑全寿命周期管理和养护提供决策支撑。随着智能建造的开发推广，目前各单位及市面上已涌现了大批智能建造管理系统平台。如图 7-5 所示为某公司开发的“智慧建设管理信息平台”，平台充分利用物联网、云计算、大数据技术，整合了建设项目信息管理、参建企业信息管理、工程项目现场安全质量监控管理、从业人员和参建企业的诚信管理、资质管理、劳务实名制管理的各项业务。此外，平台具有多种形式的客户端，包括浏览器电脑版本和手机版本。用户可在手机上方便地查看现场视频、环境监控数据、塔机运行数据、工人到岗情况、项目安全情况、参建企业信息、管理人员履职情况等。

图 7-5 “智慧建设管理信息平台”示例

一般地，由于各单位的需求各不相同，开发技术人员也不尽相同，因此所建立的智慧建设管理平台也具有一定的差异性。总体上，智慧建造系统通常包含以下内容：建设项目管理、监察管理、进度管理、资料管理、协同管理、智慧工地、诚信管理、资质管理、劳务实名制、建筑数字孪生等内容。其中，智慧工地可包含视频监控（人员定位、车辆定位）、超重机监控、施工升降机监控、扬尘监测、噪声监测、深基坑监测、试块养护智能监测、BIM建模、考勤管理等。总体上，智能建造管理系统所涉及的技术包含5G、大数据、物联网、人工智能、虚拟现实、BIM技术、GIS技术、机器人技术等。

7.3.3　智能建造技术

7.3.3.1　智能建筑设计

智能建筑设计属于智能建筑的顶层内容，其内涵可包括智能建筑系统设计（自动化、通信、办公等）、智能建筑的内部结构设计（屋顶、照明、节能等）。区别于传统建筑设计，智能建筑设计须把科学技术融于建筑设计过程中，且重视可持续发展理念，在满足人们生活需求的基础上，重视环境保护、节约能源。大体上，智能建筑设计常包含以下内容：①弱点工程设计；②防雷设计；③地基结构设计；④综合布线系统设计；⑤建筑空间设计；⑥接地系统设计；⑦绿色建筑与暖通空调设计；⑧超低耗能被动式建筑设计；⑨火灾自动报警系统设计。

7.3.3.2　智能施工

得益于计算机和机械技术的发展，智能建造逐渐受到欢迎和重视，是缓解劳动力缺失和提高建造水平的有效途径。BIM、GIS、人工智能、物联网等新一代信息技术广泛应用于建筑结构施工过程中，极大地提升了建筑结构施工的信息化水平，且在一定程度上改变了施工管理方式，建筑结构施工逐渐趋向数字化、信息化和智能化。目前已出现挖掘、喷涂、抹平、砌筑、焊接、搬运等类型施工机器人。此外还有针对超高层建筑的综合建造系统，如高层钢结构自动化建造系统、高层钢混结构的“天盖”建造系统。通常，综合建造系统为集成多种施工机器人、传感设施，且具有作业面和临时防护的施工平台。施工平台的研究和开发最早始于20世纪90年代，日本多家建筑公司率先开发了部分施工平台，均为面向高层钢筋混凝土结构或钢结构的典型自爬升施工平台。我国2015年开始应用适用于超高层建筑的以操作、转料、防护为目的的施工平台，多应用于超高层建筑核心筒的施工。如中建钢构提出了超高层钢结构自爬升操作平台，中建二局提出了超高层建筑核心筒内液压爬升操作架、液压爬模-布料机一体化施工技术等。综合来讲，根据建筑施工场景、工序和要素，目前智能施工部分可实现的关键作业可如表7-1所列。

在实现智能施工过程中，离不开相关领域技术的发展，可大致归纳为以下技术应用。

表 7-1 智能施工部分可实现的关键作业

作业场景	分项工程	工序	要素		
			人	机械	材料
主体工程	模板	搭设	传统施工人员		模板
	钢筋	钢筋绑扎	传统施工人员＋部分智能施工人员	调直/弯曲机，自动化泵车	钢筋
	混凝土	浇筑			混凝土
装饰装修工程	砌筑	砌筑	传统施工人员＋部分智能施工人员	砌筑机器人	砌块
	建筑地面	整平		整平机器人	面层材料
		磨平		磨平机器人	
	饰面	铺贴		铺贴机器人	饰面材料
	抹灰	抹灰		抹灰机器人	砂浆、石膏
	涂饰	螺杆洞封堵		螺杆洞封堵机器人	涂饰材料
		喷涂		喷涂机器人	
	门窗	外窗安装		安装机器人	窗框、玻璃、防水材料
	幕墙	安装			幕墙材料
	保温	外墙保温材料安装			保温材料
其他工程	垂直运输	运输	传统施工人员＋部分智能施工人员	吊装机器人	建筑材料、设备
	水平运输	运输			

(1) BIM 技术

随着计算机技术的发展和普及，工程建造领域开发了面向工程人员的各类工程软件。其中，建筑信息模型（BIM）得到较为广泛的使用，同时促进了智能信息平台的建立。BIM 技术引入国内以来，凭借其可视化、模拟性、协调性、可出图性等显著优势，在三维展示、碰撞检查、深化设计、管线综合、砌筑排砖等多个建造环节得到广泛应用。在智能施工方面的 BIM 应用可有：基于 BIM 的作业人员智能化管理、物料智能化管理、混凝土建筑钢筋智能化加工、智能化质量管理、智能化安全管理、智能化成本管理、施工综合管理、智能化机电安装管理、智能施工过程检测等系统。

(2) GIS 技术

地理信息系统（GIS）是处理、分析和可视化空间信息的有效工具，是用于输入、储存、维护、管理、检索、分析、综合和输出地理信息或位置为基础信息的计算机系统。由于 GIS 能反映地理环境信息而难以体现建筑单体信息，因此 GIS 通常和 BIM 技术结合使用，BIM 模型提供工程结构相关信息，而 GIS 提供地理环境信息，二者互为补充。二者集成的方式可有以下 3 种：①将 GIS 数据加载至 BIM 平台；②将 BIM 数据加载至 GIS 平台；③开发专用平台，载入 GIS 和 BIM 数据。GIS 结合 BIM 的应用可有施工方案模拟、进度管理、安全风险管理、人员管理、设备管理、环境监测等。GIS中空间地理数据的应用可有地理信息展示、辅助施工踏勘、施工场地布局设计、建筑供应链管理、人员定位追踪、三维空间分析等。此外，GIS中地质数据可用于地质建模、边坡风险分析、地质风险管理等场景。

(3) 物联网技术

物联网指物物相连的互联网，可对施工过程中产生的大量传感信息进行实时感知和动态采集，实时传输至互联网，以实现对施工过程中产生的各类信息进行实时汇总，并实现施工控制指令的下达、自动化施工设备的实时控制。物联网是智能建造系统中的"神经系统"，实现智能建造体系中的前端感知和终端执行。具体地，物联网技术可有以下应用：人员实名制、现场人员定位、机械状态监测、设备自动控制、预制构件追踪、施工材料定位、施工过程控制、质量监控、安全监控、进度监控、施工环境监测、现场视频监控等。

(4) 人工智能技术

在智能建造过程中，人工智能技术无处不在，除了已封装的产品（如施工机器人）外，人工智能还能在智能建造中起到"大脑"的管理作用。人工智能技术主要以智能算法为核心，可对施工现场的多源多维数据进行挖掘，实现对施工过程的智能监测、预测、优化和控制。人工智能技术可有以下应用：施工进度预测、施工过程控制、智能质量检测、安全风险识别、安全措施检查、施工成本估算、进度-资源计划、施工现场布置、施工变形监测、指导作业方案。

(5) 虚拟现实技术

虚拟现实（VR）技术利用并综合三维图形技术、多媒体技术、仿真技术、显示技术、伺服技术等多种高科技的最新发展成果，借助计算机等设备产生一个逼真的三维视觉、触觉、嗅觉等多种感官体验的虚拟世界，从而使处于虚拟世界中的人产生一种身临其境的感觉。具体地，VR技术在智能施工中可有以下应用：体验式安全教育、机械操作培训、设备安装指导、施工技术交底、虚拟工艺样板、VR虚拟样板间、设计成果查看、场地布局规划、进度监控等。

7.3.3.3　建筑与工人安全智能识别

施工活动是典型的高危生产活动，施工事故往往危害人们生命安全，造成经济损失。结合BIM模型、定位技术、无线传感技术、图像识别技术，对工人进行行为识别、跌倒监测，对施工机械进行安全监控，可及时反馈安全隐患，对减少安全事故的发生具有重大实用意义。实践表明，在施工作业前对建筑工人进行安全装备检查和行为能力检查，可有效降低事故发生概率。近年来，随着图像识别技术和人工智能技术的发展，通过人工智能方法监测建筑工人安全成为有效监督手段。

7.3.3.4　数字孪生平台

数字孪生，是充分利用物理模型、传感器更新、运行历史等数据，集成多学科、多物理量、多尺度、多概率的仿真过程，在虚拟空间中完成映射，从而反映相对应的实体建筑的全寿命周期过程。数字孪生是物理空间与虚拟空间沟通的重要桥梁，将数字孪生技术引入智能建造过程中，可以进一步丰富建筑信息，提升建造过程的信息化和智能化程度，推动智能建造的转型升级。

7.3.4 未来发展趋势

智能建造不仅仅是一项通用技术，也将成为信息化社会中人类建造和改造世界的方法论之一。智能建造技术现有应用已涉及建筑各个阶段，包含 BIM、物联网、3D 打印、人工智能、云计算、大数据技术等。然而新兴技术不断增多，各单位及项目的应用相对繁杂，还有待进一步做好标准化和程序化工作，多技术融合应用将成为今后智能建造技术的重点方向。此外，高校及企业需进一步培养同时具备土木工程、机械工程、建筑学、计算机科学及图像识别专业知识的复合型人才，为智能建造注入新的动力。未来的智能建造将成为支撑社会建设智能化和产业自动化转型的发展范式，智能化设计、智能化施工、智能化运维、城市信息模型、数字孪生技术、元宇宙技术等智能化建筑技术将进一步推动社会建设的智能化转型，发挥智能建造的价值。

思考题

在线题库

1. 建筑工业化如何提升生态系统碳汇能力？有哪些具体措施？

2. 建筑工业化对应对气候变化全球治理有何贡献？它如何减少碳排放和资源消耗？

3. 建筑工业化在未来的发展中面临哪些挑战？如何解决这些挑战？

4. 建筑工业化的发展对建筑行业和相关产业有何影响？它如何改变建筑设计和施工方式？

5. 未来建筑工业化的发展趋势是什么？有哪些新技术和创新可能会推动建筑工业化的进一步发展？

6. 建筑工业化对城市发展和可持续发展有何影响？它如何促进城市建设的可持续性？

7. 试通过查阅课后资料，阐述一些建筑工业化的成功案例。

8. 你认为建筑工业化的发展对人们的生活和环境有何潜在影响？你对建筑工业化的发展前景持什么看法？

参考文献

［1］ 我国发布《中国应对气候变化国家方案》［EB/OL］．［2023-7-6］. https：//www. gov. cn/gzdt/2007-06/04/content _ 635590. htm.

［2］ 申帅兵．冀南地区单层厂房天窗天然采光设计策略研究［D］. 邯郸：河北工程大学，2018.

［3］ 陈江红．城市住宅小区生态效率研究［D］. 南京：东南大学，2009.

［4］ 白宁．基于全寿命周期的外墙外保温节能建筑成本分析研究［D］. 济南：山东建筑大学，2009.

［5］ 毛志兵，李云贵，黄凯．关于建筑企业践行新型建造方式的策略研究［J］. 施工技术（中英文），2021，50（18）：1-6.

［6］ 刘佳迪．钢结构模块节点和构件耐火试验研究［D］. 天津：天津大学，2017.

［7］ 唐殿峰．超高层剪力墙结构整层楼板置换加固设计与施工技术应用［J］. 建筑技术开发，2020，47（15）：59-60.

［8］ 王韫．论住宅建筑防水设计及施工管理［J］. 广东建材，2011，27（03）：145-147.

［9］ 张辉．建筑装饰材料的发展趋势［J］. 职业技术，2011（06）：140.

［10］ 毛志兵，于震平．《绿色建筑评价标准》施工管理条款修订内容分析［J］. 施工技术，2013，42（22）：1-4.

［11］ 中华人民共和国住房和城乡建设部．关于印发《绿色施工导则》的通知［EB/OL］．［2023-7-6］. https：//www. mohurd. gov. cn/gongkai/zhengce/zhengcefilelib/200709/20070914_158260. html.

［12］ GB/T 50640—2010 建筑工程绿色施工评价标准［S］.

［13］ 中华人民共和国住房和城乡建设部．住房城乡建设部关于印发建筑节能与绿色发展“十三五”规划的通知［EB/OL］．［2023-7-6］. https：//www. mohurd. gov. cn/gongkai/zhengce/zhengcefilelib/201703/20170314 _ 230978. html.

［14］ 于震，刘伟．中国被动式超低能耗建筑发展现状及展望［J］. 电力需求侧管理，2018，20（05）：1-4.

［15］ 中华人民共和国住房和城乡建设部．被动式超低能耗绿色建筑技术导则（试行）（居住建筑）［Z］. 2017.

［16］ GB/T 51350—2019 近零能耗建筑技术标准［S］.

［17］ 郭丽娜．智慧建筑浅谈［J］. 甘肃科技，2018，34（09）：89-92.

［18］ 张海铭．基于三维有限元的混凝土结构施工裂缝控制技术［J］. 北方建筑，2021，6（05）：52-55.

［19］ 中华人民共和国住房和城乡建设部，等．住房和城乡建设部等部门关于推动智能建造与建筑工业化协同发展的指导意见［EB/OL］.［2023-7-6］. https：//www. gov. cn/zhengce/zhengceku/2020-07/28/content _ 5530762. htm.

［20］ 张昊，马羚，田士川，等．智能施工平台关键作业场景、要素及发展路径［J］. 清华大学学报（自然科学版），2022，62（02）：215-220.

［21］ 王晓飞．基于“RE-VR”的产品数字建模方法研究［D］. 北京：北京服装学院，2008.

［22］ 韩豫，张泾杰，孙昊，等．基于图像识别的建筑工人智能安全检查系统设计与实现［J］. 中国安全生产科学技术，2016，12（10）：142-148.

［23］ 刘强．智能制造理论体系架构研究［J］. 中国机械工程，2020，31（01）：24-36.

［24］ 李忠富．建筑工业化概论［M］. 北京：机械工业出版社，2020.

［25］ 易树平，郭伏．基础工业工程［M］. 北京：机械工业出版社，2015.

［26］ 刘学应．建筑工业化导论［M］. 北京：清华大学出版社，2021.

［27］ 刘晓晨．装配式混凝土建筑概论［M］. 重庆：重庆大学出版社，2018.

［28］ 杜国城．装配式混凝土建筑概论［M］. 上海：上海交通大学出版社，2018.

［29］ 田鹏春．装配式混凝土建筑概论［M］. 武汉：华中科技大学出版社，2021.

［30］ GB/T 51231—2016 装配式混凝土建筑技术标准［S］.

［31］ 宫海．装配式混凝土建筑施工技术［M］. 北京：中国建筑工业出版社，2020.

[32] 毛鹤琴．土木工程施工 [M]. 武汉：武汉理工大学出版社，2018.

[33] JGJ/T 121—2015 工程网络计划技术规程 [S].

[34] 张洁．施工组织设计 [M]. 2 版．北京：机械工业出版社，2017.

[35] SAATCIOGLU M, MITCHELL D, TINAWI R, et al. The August 17, 1999, Kocaeli (Turkey) earthquake-Damage to structures [J]. Canadian Journal of Civil Engineering, 2001, 28 (04): 715-737.

[36] 廖玉平．加快建筑业转型推动高质量发展——解读《关于推动智能建造与建筑工业化协同发展的指导意见》[J]. 中国勘察设计，2020，09：20-21.

[37] 刘金典，张其林，张金辉．基于建筑信息模型和激光扫描的装配式建造管理与质量控制 [J]. 同济大学学报(自然科学版)，2020，48 (01)：33-41.

[38] 罗杰，陈章龙，李志彬，等．基于BIM技术的装配式建筑精细化施工管理分析 [J]. 城市建筑空间，2022，29 (S2)：818-819.

[39] 代霞，皮海洋．BIM技术在装配式建筑施工阶段的应用研究 [J]. 重庆建筑，2022，21 (S1)：177-179.

[40] 焦宝，赵基焕，赵鸿铎．基于实测点云的装配式铺面虚拟装配技术 [J]. 交通科技，2020 (02)：53-57.

[41] 常舒．基于三维激光扫描技术的管片数字化预拼装技术研究 [D]. 北京：北京建筑大学，2021.

[42] 张超．基于BIM的装配式结构设计与建造关键技术研究 [D]. 南京：东南大学，2016.

[43] 谭肖琳．装配式建筑成本分析及控制对策 [J]. 福建建材，2021，248 (12)：112-114.

[44] 杨亚楠．基于BIM技术的装配式建筑全寿命周期成本控制研究 [D]. 重庆：重庆交通大学，2021.